# 물리학자의
# 은밀한 밤 생활

# 물리학자의 은밀한 밤 생활

라인하르트 렘포트 지음 — 강영옥 옮김 — 정성헌 감수

더숲

『물리학자의 은밀한 밤 생활』을 더운 열기와 함께 밤새 읽었다. 제목부터 묘했다. '물리학자'의 '밤 생활'이라니, 그것도 '은밀'하기까지! 이 책은 저녁 6시부터 다음 날 오전 11시 30분까지, 약 17시간 30분 동안 독일의 젊은 물리학자인 저자와 그의 좌충우돌 친구들이 함께 파티를 벌이며 그 속에서 발견한 흥미진진한 물리학에 대한 이야기를 담고 있다.

하룻밤 파티는 셰어하우스라는 장소를 배경으로 시간의 흐름에 따라 전개된다. 무르익어가는 즐거운 송년의 밤 파티에 자연스럽게 빠져들다 보니, 일상 속 물리학 이야기까지 쉽고 재미있게 쭉 읽어나갈 수 있었다.

맥주병 충돌과 거품 발생의 원리에서부터 저온 냉각을 통해 맥주를 최대한 빨리 시원하게 마시는 법, 장난감 속 건전지의 전압을 과학적으로 체크하는 법, 와인과 피자를 먹으며 확인할 수 있는 마랑고니 효과나 비열 용량, 폭죽 전쟁 속 운동량 보존의 법칙과 헤비메탈 콘서트에서의 이상기체 모델까지, 이 책은 친구들과의 생활, 배경, 활동 등에 나타난 현상을 직접적인 경험에 바탕을 두고 물리 이야기로 써 내려갔다. 특히 물리 이야기를 하고 나서 실험 부분을 서술하는 아량으로, 과학 냄새를 조금 더 맡아볼 수 있는 여유도 주었다.

이 책에 나오는 내용 중 '맥주 태핑(Beer Tapping, 맥주병 바닥을 세게 치면 거품이 넘쳐흐르는 현상)'의 경우에는, 책을 감수하면서 직접 원 논문을 찾아서 보고, 손수 실험해보며 나만의 여유를 가져볼 수 있었다.

이 책은 물리의 전반적인 내용을 담고 있지만, 개념들이 어렵지 않고 누구라도 쉽게 이해할 수 있게 친절하게 설명되어 있다. 따라서 물리학자들의 밤에는 어떤 아찔한 과학 세계가 펼쳐질지 궁금해하며 많은 독자들이 편하게 접했으면 하는 바람이다.

책을 감수하며 몇몇 용어 및 명칭을 현재 실정에 맞게 수정하였다. 예를 들어 NaCl을 염화 나트륨 대신 염화 소듐으로, Mn을 망간 대신 망가니즈로 수정하였으며, 하단 주석에서 옛 이름을 밝혀 혼동을 줄이고 쉽게 읽을 수 있게 하였다.

경북일고등학교 수석교사 이학박사 정성헌

차례

감수의 글      4

들어가며    **나만의 언어로 표현하다_ 분산**      8


**1장.**    **복수전이 시작됐다!** _ 맥주병 충돌과 거품 발생의 원리

☀ **셰어하우스: 저녁 6시**      23

실험: 작은 충격 큰 효과      37

1단계: 거품 발생_ 맥주병 두 개가 충돌한 후 0.1~1밀리 초
2단계: 확산에 의한 거품 수 증가_ 두 개의 맥주병을 충돌시킨 후 1~10밀리 초
3단계: 부력_ 두 개의 맥주병이 부딪히고 0.1~1초 후


**2장.**    **맥주를 최대한 빨리 시원하게 만들어 마시는 방법**
     _ 동결제를 사용한 저온 냉각

☀ **셰어하우스 현관: 저녁 7시 30분**      53

실험: 냉각 중탕      61

첫 번째 효과: 상전이 | 두 번째 효과: 흡열 효과 | 세 번째 효과: 어는점 내림


**3장.**    **아이 같은 어른들의 놀이** _ 과학적으로 건전지 전압 체크하기

☀ **톰의 방: 저녁 8시 54분**      95

실험: 건전지 팅기기      104


**4장.**    **와인과 피자에서 얻은 지식** _ 마랑고니 효과와 비열 용량

☀ **셰어하우스 주방: 밤 10시 14분**      125

첫 번째 실험: 와인 잔의 아치 문양, 그 너머 어딘가에      131

두 번째 실험: 뜨거운 물질을 찾아서      141

5장. 흔들어놓은 맥주 캔으로 하는 룰렛 게임 _ 관성 모멘트
☀ 셰어하우스 복도: 밤 11시 40분　147

실험: 맥주 캔 굴리기　156

흔들지 않은 맥주와 관성의 관계 | 맥주의 폭발


6장. 어둠 속 폭죽 전쟁 _ 운동량 보존의 법칙
☀ 퀼른가 13a 셰어하우스 문 앞: 새벽 1시 30분　169

악마의 계획　179

수르스트뢰밍 로켓 발사의 난관　183

실험: 증류주 로켓　190


7장. 흰색 칵테일은 만들 수 없다? _ 색 혼합과 틴들 효과
☀ 셰어하우스 주방: 새벽 3시 1분　197

내가 만든 오색찬란한 빛깔의 칵테일　205

실험: 셰이크 잇, 베이비!　209

둥근 형태의 크기는 가늠하기 어렵다　212


8장. 갈라 공연을 즐기며 _ 이상기체 모델
☀ 다락방: 새벽 3시 14분　219

헤비메탈 콘서트에서, 모쉬핏과 써클핏　223


9장. 파티가 끝나고 _ 핫 초콜릿 효과
☀ 셰어하우스 주방: 다음 날 오전 11시 30분　233

실험: 코코아 음계　240


감사의 글　252

# 나만의 언어로 표현하다_분산*

대부분의 사람들은 '물리학'이라는 단어를 들으면 먼지가 자욱한 교실, 열정이 지나치다 못해 괴짜인 선생님, 한 번도 성공한 적이 없는 실험, 아무도 이해하지 못하는 암호 같은 공식, 감출 수 없는 불안감과 끝없는 지루함으로 뒤범벅된 시간들을 떠올릴 것이다. 하지만 나는 물리학이라는 단어를 들으면 회색빛 머리칼과 작은 체구를 지녔던 할머니와 끈적끈적한 초콜릿이 떠오른다. 내가 자연과학, 특히 물리학에 흥미를 갖게 된 건 순전히 우리 할머

---

* Dispersion, 분산은 매질 속에서의 파동의 진행 속력이 파동의 진동수(또는 파장)에 따라 달라지는 현상으로, 빛에서는 물론 음파, 탄성파 등 모든 파동에서 나타난다. 매질의 굴절률이 진동수에 따라 달라지는 현상이라고도 할 수 있다 – 옮긴이

니 덕분이다. 쿠키몬스터가 먹이 피라미드에 대해 잘 알듯 내가 자연과학의 이점을 충분히 알고 있었을지라도 말이다. 어쨌든 나는 할머니 덕분에 물리학자가 되었다.

모든 것은 에센-알텐도르프에 있는 헬레넨 공동묘지, 13구역 5열 4번 무덤에서 시작되었다. 우리 요제피네 할머니는 이곳의 팬지꽃 아래에 25년째 증조부모님과 함께 묻혀 있다. 할머니가 살아 계실 때 나는 거의 매주 할머니 댁에 놀러갔다. 그때마다 나는 할머니랑 텔레비전을 보면서 슈토르크사 제품인 리젠 다크초콜릿을 먹었다. 이 작은 갈색 과자는 겉은 초콜릿처럼 생겼지만 속은 입에 쩍쩍 달라붙는 캐러멜로 되어 있었다. 할머니는 단 음식을 절대 먹으면 안 된다는 주치의의 명령에도 아랑곳하지 않고 리젠 초콜릿을 실컷 드셨다. 제2차 세계대전이라는 모진 세월을 견디고 살아남은 할머니가 그깟 초콜릿쯤 많이 먹는 것이 뭐 그리 대수였겠는가?

할머니가 돌아가신 후 어머니는 나를 공동묘지에 자주 데리고 갔다. 독실한 가톨릭 신자였던 어머니는 할머니와 오래전 작고 하신 다른 친척들의 묘소를 방문하고 새 꽃과 초로 장식하는 일을 자신의 의무라고 여겼다. 어머니에게는 기독교인으로서 무덤을 돌보아야 할 나름의 이유가 있었다. 할머니가 이 세상을 떠나셨다고 할지라도 어둠 속에 오랫동안 홀로 누워 계시면 안 된다고 생각하고 있었던 것이다. 종일 게임을 하거나 텔레비전만 보는 아들에게 휴일마다 신선한 공기를 쐬어주기 위해 억지로 공동묘지에 데리고 가서 얘깃거리를 찾는 상황을 상상해보라. 이것은 결코 쉽지 않은 일이었을 것이다.

모범적인 독일인들의 정리 강박증은 신이 주신 성스런 경작지인 이곳에서도 예외 없이 발현되었고 이것이 어머니에게는 오히려 도움이 되었다. 독일의 거의 모든 공동묘지와 마찬가지로 헬레넨 공동묘지도 제도판처럼 설계되어 구역, 열, 무덤에 번호를 매겨 깔끔하고 정확하게 구획을 나눠놓았다. 매주 토요일마다 방문하여 그릴 소시지 없이 자기 가족끼리 알아서 땅에 거름을 주면 된다는 점만 보면 공동묘지는 소규모 정원협회와 유사하다.

이러한 '공동묘지협회'의 정리 강박증 때문에 무덤마다 좌표를 매겨놓기 위해 길이 꺾이는 지점과 교차로의 가장자리에는 숫자가 적혀 있는 작은 판이 세워져 있었다. 아무튼 나는 그릴 소시지도 없이 공동묘지에서 매주 일요일을 보내야 했다. 대신 어머니는 어린 나에게 처음에는 무덤 위의 숫자 읽는 법을 가르쳐주다가 나중에는 길을 따라 걸으면서 무덤 번호를 더하고 빼고 곱하는 법까지 가르쳐주었다.

언젠가 나는 머릿속으로 상상의 길을 그려 수열을 이용해 기억하는 기술이 기억술사들 사이에서 널리 사용된다는 말을 들은 적이 있다. 어쨌든 나는 어머니 덕분에 내 이름을 읽고 쓰기도 전에 기초 연산법을 터득했다. 지금도 나는 공동묘지를 산책하면서 무덤 위에 적힌 연도를 더해본다.

나는 죽음과 신선한 공기와 수학, 이 세 가지의 독특한 연관성을 몸소 체험하며 자랐다. 그래서 추상적인 내용을 일상적인 것이나 이미지와 연결할 때 가장 쉽게 배울 수 있다는 걸 누구보다 잘 안다. 이런 것들이 우울하고 병적이거나 상황에 적절한지와 상관없이 말이다. 어쩌면 공동묘지에서 달리 할 일이 없어서 단순히 시간을 때우기 위해 했던 일이었을 수도 있지만 수학은 나에게 또 다른 빛으로 떠올랐다. 이런 경험 속에서 공동묘지라는 장소와 수학의 혼합체가 탄생했다.

따지고 보면 어머니는 어릴 적부터 나에게 자연과학의 밑거름을 쏟아부어준 셈이다. 사실 어린 나이에 죽음과 썩어서 사라지는 현상을 수학과 연결 지어 생각하는 사람이 몇이나 되겠는가. 이런 면에서 나는 남다른 어린 시절을 보냈다고 생각한다. 엄마, 감사해요!

수학은 자연과학의 원리를 이해하는 데 매우 유용하고 언젠가는 필요한 도구다. 공동묘지에서 숫자놀이와 연애를 하며 보냈던 어린 시절은 내 진로에 영향을 끼쳤다. 하지만 이것이 내가 자연과학자가 되기로 결심했던 결정적인 계기는 아니었다. 마법의 순간이 나를 물리학의 품 안으로 이끌었다. 앞에서도 말했지만 할머니, 좀 더 정확하게 말하자면 세련된 신형 무덤 램프 덕분에 나는 물리학자가 되었다.

엄마는 늘 할머니가 어두운 땅속에서 홀로 밤을 지내시도록 내버려두면 안 된다고 강조했다. 당시에 유명했던 청동제 표준형 램프에는 '무덤 램프 아빌라'나 '영원히 꺼지지 않는 빛'과 같은 멋진 이름이 붙어 있었는데 할머니의 무덤 램프도 이런 종류의 램프 중 하나였다. 작은 유리판으로 된 사면에 삐거덕 소리를 내는 문과 장식이 있는 이 램프는 주춧돌 위에서 평안한 안식을 취하듯 놓여 있었다. 하지만 이 램프에서는 가톨릭 유치원 단체가 헐값에 디자인하거나 실업의 위협을 받으며 살아가는 디자인 전공생들이 생활고를 해결하려고 제작한 듯한 분위기가 물씬 풍겼다.

아무튼 할머니의 무덤을 환히 비춰주었던 램프는 정말 특별했다. 램프의 이름이나 소재 때문이 아니라 유리판의 형태 때문이었다. 원래 직각인 유리판 모서리는 더 아름답고 감상적인 느낌을 주기 위해 60도로 다듬어져 있었다. 공동묘지용품 판매업체는 이것을 '커팅면'이라는 그럴듯한 표현으로 꾸며놓았지만 말이다. 어떤 모양인지 상상이 가지 않는다면 반 입 정도 깨물어 먹은 비

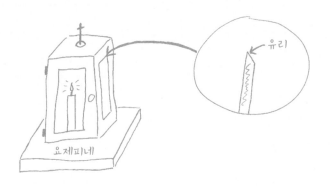

유리

요제피네

사랑하는 요제피네 할머니의 무덤 램프. 나는 이 램프 덕분에 물리학자의 길을 걷
게 되었다. 오른쪽은 60도 각도의 '커팅면'을 확대한 그림.

스듬한 토블론 초콜릿* 조각 모양을 떠올리면 된다. 측면의 단면
이 살짝 확대된 듯한 모양이다.

　절망에 빠진 디자인과 학생들의 마지막 절규였을지도 모를 이
단순한 커팅면은 이후 내 인생에 큰 변화를 가져왔다…….

　어느 겨울 일요일 아침 나는 엄마와 함께 할머니의 묘지를 또
방문했다. 새로 꽃을 심고 무덤 램프에 3일초Drei-Tage-Brenner를 새
로 갈아놓기 위해서였다. 'Drei-Tage-Brenner'에서 'Brenner'

　　●　　삼각기둥 모양의 스위스 초콜릿 – 옮긴이

는 난소에 생기는 종양이라는 뜻도 있지만, 병명이 아니라 특별한 무덤용 초의 이름이다. 나는 늘 그랬듯이 일상적으로 죽음과 한 줌 흙으로 사라짐을 대변하는 무덤의 숫자들을 더하고 빼며 춤을 추고 돌아다녔다. 그런데 이날 아침 갑자기 할머니의 무덤에서 평소와는 다른 기운을 느꼈다. 겨울의 햇살 속에서 진정한 색채의 향연이 벌어졌던 것이다.

새로 바꾼 램프의 불빛을 통해 오래되어 시들시들해진 꽃 위로 무지개가 쏟아져 내리면서 밋밋한 배경에 화려한 빛깔이 떠올랐다. 당시에는 이것이 어떤 자연과학적인 원리로 일어나는 현상인지 전혀 몰랐다. 엄마는 할머니가 엄마와 내가 무덤에 인사하러 오는 걸 기뻐하셔서 사랑의 하나님이 무지개를 창조하신 것이라고 설명해주셨다. 10년 동안 가톨릭 가정에서 배우고 자란 나는 이 말을 그냥 믿었다. 지금도 나는 사랑의 하나님이 마법을 부려 무덤에 무지개를 띄워주셨다는 상상을 하면 기분이 좋아진다. 물론 이제는 이런 이야기를 지어낸 배경에 논리적으로 타당한 의심을 품고 있기는 하지만 말이다.

지금은 60도 각도로 커팅된 무덤 램프의 유리면으로 빛이 떨어지는 위상속도°가 다르기 때문에 빛의 조각들이 다양한 크기로 쪼

* phase velocity, 빛이나 소리, 전류처럼 일정한 흐름(파)을 가진 것들이

개지고 각도마다 정해져 있는 스펙트럼의 빛을 낸다는 설명이 더 타당하다고 생각한다. 하지만 우리 엄마처럼 빛의 현상을 보고 하나님이 무지개를 만들었다고 친근하게 설명하면 열 살짜리 꼬마뿐만 아니라 모든 사람들이 더 쉽게 받아들인다는 것은 인정한다. 물리 이론을 설명할 때 가급적 전문용어 사용을 자제하고 모든 것을 명료한 그림으로 단순화하면, 턱수염을 한 자비로운 하나님이 무지개를 선물로 주셨다는 이야기로 설명하는 것보다 훨씬 이해하기 쉽다.

## 무지개의 끝은 물리학 연구

이제 겨울 아침 할머니 무덤에서 일어난 마법의 순간을 자세히 살펴보도록 하자. 태양이 낮게 뜨는 겨울 아침에는 햇빛이 할머니의 무덤 램프에 아주 평평한 각도로 떨어진다. 대부분의 사람들은 태양에서 오는 빛이 순백색이라고 알고 있다. 대체 어릴 적 내가 할머니 무덤에서 보았던 그 화려한 색채의 빛은 어디에서 왔을까?

나는 '백색' 빛이 존재하지 않는다는 사실을 처음 알았을 때 충

진행하는 속도. 단색광의 경우 그 파장이 확산되는 속도 – 옮긴이

격을 받았다. 사실 우리가 백색으로 지각하는 빛은 다양한 색깔의 빛이 혼합된 것이다. 이것을 전문용어로 가산혼합*이라고 한다. 쉽게 말해 우리 눈이 빨간색, 초록색, 파란색의 중첩을 백색으로 해석하기 때문에 빛이 혼합된 상태를 인식하지 못하는 것이다. 하지만 휴대폰이나 컴퓨터 디스플레이를 확대하면 가산혼합 현상을 체험할 수 있다. 우리가 정상 배율로 보았을 때는 백색인 디스플레이를 확대하면 빨간색, 초록색, 파란색 화소가 혼합되어 있다는 사실을 바로 확인할 수 있다.

우리 눈은 빨간색, 초록색, 파란색 화소를 어떻게 구분할까? 우리 눈에는 색상을 감지하는 세 유형의 세포가 있으며 각기 담당하는 가시 영역 스펙트럼이 있다. 즉 빨간색, 초록색, 파란색 스펙트럼의 빛을 인식하는 세포가 따로 있다. 이 세 유형의 세포들이 동시에 일정한 강도로 자극되면 "이봐, 신호가 왔어"라며 신호가 뇌로 전달된다. 그러면 우리 뇌는 이 세 가지 스펙트럼의 빛을 백색으로 인식한다.

그림을 배우기 시작한 아이는 물불 가리지 않고 여기저기 그림을 그린다. 페인트칠을 새로 한 거실 벽에 갖가지 색의 핑거페인

---

* additive color mixure, 빛의 색을 더하여 혼합하는 것. 빛은 더할수록 밝아진다. 즉 명도가 높아진다 ─ 옮긴이

트와 크레용으로 낙서를 하거나 그림을 그릴 때도 색의 혼합 현상이 일어난다. 그런데 이때 혼합된 색깔은 백색이 아니라 갈색에 가깝다. 이 경우에는 가산혼합이 아니라 감산혼합*이 일어났기 때문이다. 이런 현상이 일어나는 이유와 가산혼합과의 차이는 나중에 다시 설명하겠다.

우리 할머니 무덤에서 일어났던 색의 기적 현상을 이해하려면, 백색광은 존재하는 것이 아니며 다양한 색상의 빛이 우리 머릿속에서 중첩되어 일어나는 현상이라는 것을 먼저 알아야 한다. 이 백색광이 무덤 램프의 유리에서 분해되어 우리 눈에 무지개처럼 보이는 것이다.

이제 정말로 중요한 질문을 던져보자. 그렇다면 색의 향연에서는 구체적으로 어떤 일이 벌어지는 것일까? 이것은 소위 '위상속도의 분산'이라는 원리로 설명할 수 있다. 쉽게 말해 무지개는 다양한 색상의 빛이 같은 속도로 퍼지지 않기 때문에 일어나는 현상이다. 물리학자들은 빛의 속도를 다룰 때 항상 보편상수**를 언

---

• subtractive color synthesis, 혼합색의 명도가 원래의 색보다 낮아지도록 색을 혼합하는 방법. 시안cyan, 마젠타magenta, 옐로yellow의 각 비율을 변화시킴으로써 여러 가지 색을 만들 수 있다 - 옮긴이

•• universal constant, 물리학의 기본법칙을 기술할 때 나타나는 물리상수 중, 각각의 물질이나 현상의 상태와는 관계없이 시간적, 공간적으로 일정하게 변하지 않는 값을 갖는 상수 - 옮긴이

급한다. 여기에서는 진공 상태에서의 빛의 속도를 말하며 그 속도는 정확하게 초속 299,792,458미터(m/s)다. 이 속도는 모든 색상과 모든 경우에 동일하게 적용된다. 하지만 공기, 유리 혹은 플라스틱과 같은 매질*에서는 모든 것이 완전히 다르다. 빛의 속도는 더 느려지고 색상마다 차이가 생긴다. 예를 들어 빨간색광은 파란색광보다 속도가 느리다. 이렇듯 색상별 속도의 차에 의해 여러 색의 빛으로 나뉘는 현상을 '빛의 분산'이라고 한다.

빛의 속도는 색상과 재료에 좌우되며 광범위하게 영향을 끼친다. 유리면 위로 백색 광선 혹은 유색 광선이 약간 비스듬하게 떨어지는 장면을 상상해보자. 이 경우 광선의 폭은 항상 일정하다. 그런데 일부 광선은 다른 광선보다 먼저 유리면에 도달한다. 즉 대기 중보다 유리면 위에서 광선의 움직임이 먼저 정지된다. 따라서 유리면 위의 광선은 수직인 경계면 위에서 굴절된다. 이 원리는 여러분이 자전거를 타면서 오른손으로 우측 라이트를 잡는 상황을 떠올리면 이해하기 쉽다. 갑자기 자전거가 우측으로 쏠리면서 급제동이 걸려 자전거를 타고 있던 사람은 어쩔 수 없이 우

●  medium, 파동을 매개하는 물질. 매질 입자의 진동이 곧 파동이다. 넓은 개념으로 힘과 같은 물리적 작용을 전달하는 매개물을 가리킨다 – 옮긴이

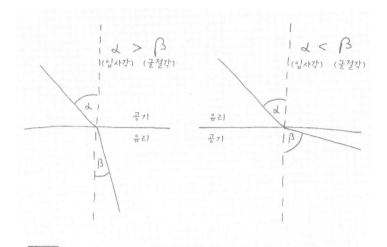

왼쪽 그림은 빛이 공기에서 유리로 입사할 때 굴절되는 모습, 오른쪽 그림은 빛이
유리에서 공기로 입사할 때 굴절되는 모습이다.

측으로 방향을 틀게 된다.

　빛이 유리에서 공기로 빠져나올 때 다시 한번 같은 현상이 일
어난다. 이번에는 정반대. 유리를 빠져나오는 광선은 공기 중의
광선보다 이동 속도가 빠르고 마찬가지로 수직인 경계면 위에서
광선이 굴절된다.

　유리 표면에서 빛의 속도는 색상별로 다르다. 빛이 유리에서
공기로, 혹은 공기에서 유리로 이동할 때 살짝 굴절되기 때문에
층이 생긴다. 반면 매끈하고 얇은 유리면(예를 들어 한 겹인 창유리)

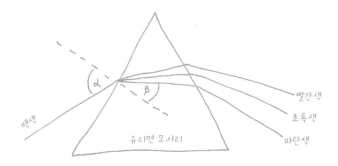

색상별로 빛의 이동 속도가 다르므로 '백색'광(백색으로 보이는 빛)이 여러 단계로 나뉜다.

에서는 빛의 굴절 현상이 관찰되지 않는다. 이 경우 유리의 표면 (앞면과 뒷면)들은 서로 평행하게 놓여 있기 때문에 유리면으로 들어올 때는 빛이 여러 층으로 분리되어 각기 다른 색을 나타내다가, 유리면을 빠져나갈 때는 여러 층으로 분리되었던 빛들이 다시 합쳐진다.

무덤 램프의 커팅 유리에서 바로 이 현상이 일어났던 것이다. 모서리가 60도로 커팅되어 있는 유리면에 빛이 들어올 때와 나갈 때의 각도가 각기 다르기 때문에 색상이 붕괴되어 한 가지 색으로 보이지 않고 여러 층을 이뤘던 것이다.

당시 나는 아무것도 모르는 어린 소년이었지만 이날부터 자연 현상의 작용 원리와 원인에 흥미를 갖게 되었다.

　어린 시절의 나는 몇 년 동안 엄마와 친척들의 무덤을 다니며 자연스레 수학과 친숙해졌고 이후 테트리스 게임이나 〈스타워즈〉 같은 영화에 푹 빠져 있었다. 10대 때는 행성 연합이 발전하면 제국의 반란군이 되는 것인지, 〈스타트렉〉의 요다가 미스터 스팍의 마지막으로 살아남은 자손인지 고민했다. 말 그대로 그림책 광이었다. 심지어 흰 머리 사내가 갑자기 트럭을 타고 나타났는데, 이 사람이 미래에 태어날 후손들을 구하기 위해 미래에서 왔다는 확신이 들면 트럭에 올라타고도 남을 아이였다.

　내 유년 시절은 물리학을 전공으로 선택할 수밖에 없는 환경이었다. 내가 우수한 성적으로 조기 졸업을 했으리라 생각하는 독자가 계실지 모르겠지만 안타깝게도 아니다. 나는 고급 수학과 이론 물리학 학점을 잘 따려고 노력은 했지만 뛰어난 학생은 아니었다. 비록 이런 좌절감을 맛보기도 했지만 나만의 특별한 재능이 있었다. 복잡한 물리적 상관관계를 단순하고 이해하기 쉬운 이미지나 상황에 빗대어 설명하고 복잡한 문제를 아주 단순하게 다룰 줄 안다는 것이었다.

　물론 이처럼 단순화한 접근 방식이 항상 옳은 것은 아니다. 일부 수학자, 물리학자, 화학자, 생물학자들은 이런 내 모습을 보며 불쌍히 여길지도 모른다. 복잡한 문제에 단순하게 접근하는 것은 그렇게 어려운 일이 아니다. 일반인들에게 많은 현상들을 설명했을 때 그 이면에 숨겨진 물리학적 기본 원리를 완벽히 쉽게 이해시킬 수 있을 만한 정도면 충분하다. 사람들이 파티에서 친구들에게 어떤 얘기를 하고 싶어 할까? 복잡한 이론보다는 물리학자의 평범한 일상에 관한 이야기가 아닐까? 이렇게 일상의 이야기를 통해 물리학을 가르쳐준다면 사람들은 물리학에 거부감 없이 쉽게 다가갈 것이다.

사람들의 머릿속에는 물리학은 어렵고 복잡한 학문이라는 선입견이 강하게 박혀 있다. 하지만 물리학은 의외로 이야깃거리도 많고 일상생활에 많은 도움이 되는 학문이다. 나는 이 책을 통해 이 사실을 알리고 싶다. 이제 독일의 전형적인 셰어하우스의 송년 파티 이야기를 들으며 자연과학 이론을 공부해보자.

# 복수전이 시작됐다!

_맥주병 충돌과 거품 발생의 원리

셰어하우스: 저녁 6시

지금부터 다룰 에피소드는 내가 사는 셰어하
우스 송년파티에서 있었던 일이다. 다른 셰어하우스도 마찬가지
겠지만 우리 셰어하우스의 송년파티는 항상 오전에 이곳 사람들
이 지하실로 내려가는 것으로 시작된다. 그곳에는 주머니 사정이
안 좋을 때 팔아서 쓰려고 모아둔 엄청난 양의 빈 병과 폐지들이
산더미처럼 쌓여 있다. 파티가 열리는 동안은 고양이를 챙겨줄
수 없으니 고양이가 쫄쫄 굶지 않도록 참치 캔도 따놓는다.
　　첫 번째 손님 그룹이 올 때까지는 아직 여유가 있었다. 나는 컴
퓨터를 켜고 구글 검색창에 들어가 소란 행위 및 공용 시설에서

의 분노 자극 관련 조항을 찾아보기 위해 독일 민법전과 형법전을 검색했다. 만일의 사태를 대비하여 나는 주먹으로 벽을 친 다음 무슨 소리가 들려오는지 확인했다. 그랬더니 저주, 위협, 욕설, 절교 선언 등 온갖 반응이 다 나왔다. 지난 3년간 '퀼른가 13a'에서 이러한 돌발 사태가 일상적인 행사였다면 나는 주변에 이상이 없는지 확인하기 위해 늘 마음 졸이며 아침잠을 깼을 것이다. 다행히 아직까지 그런 일은 일어나지 않았다. 몇 분 후 친구들의 시시콜콜한 다툼과 야유 소리가 들리기 시작했다. 이것은 남자들끼리 온라인 축구게임인 피파 게임 FIFA을 할 때 흔히 들리는 소리다.

아마 이웃 중 한 사람인 마테스는 우리 셰어하우스의 톰과 함께 끝없이 이어지는 사이버 게임의 다음 주자로 참여하기 위해 벌써 도착해 있을 것이다. 송년파티 시작 전에 마테스는 이미 174 승을 기록했다. 나는 마테스가 랭킹 리스트를 완전히 접수하여 누구도 깰 수 없는 기록을 세웠다고 생각했지만, 마테스에게는 랭킹 기록보다 지난주의 개인 성적이 훨씬 더 중요했다. 지난주에 마테스는 8승을 기록했다. 지난주 기록만 따지면 마테스는 톰보다 겨우 1승 뒤지고 있었기 때문에 이번에는 반드시 이기고야 말겠다는 승부욕을 불태우고 있었다.

이 대결이 시작된 것은 3년 전, 마테스가 영국에서 불도그 빌

헬름을 데리고 그 큰 집에 이사온 지 얼마 안 되었을 무렵이었
다. 덩치는 크지만 온순한 빌헬름이 우리 셰어하우스 주방에 들
어왔던 날, 우리가 키우던 고양이는 잔뜩 겁에 질리고 말았다.
마테스가 바로 뒤따라왔고 이후 이런 일은 더 이상 일어나지 않
았다.

마테스나 빌헬름이나 전형적인 영국 스타일이었다. 둘 다 영국
에서 잠시 청소년기를 보냈지만 루르포트˙로 온 이후에도 영업 종
료 시간과 티타임을 지켰다. 마테스에게는 쉽게 버리지 못하는,
아니 절대 버리려고 하지 않는 몇 가지 기벽이었다. 이것만으로
도 마테스가 영국 출신이라는 것을 알고도 남았다. 그는 영국 축
구 클럽과 여왕을 광적으로 숭배했고 독특한 음주 습관이 있었으
며 작고 딱딱한 빵을 좋아했다.

마테스의 음주 습관을 한 단어로 표현하면 '이중적 음주자'가
딱 맞다. 과거 영국의 술집에는 영업 종료를 알리는 종을 치기 전
까지는 술에 취하지 말아야 한다는 관습이 있었다. 그런데 마테
스는 옛날에 사라진 이 고릿적 관습을 죽어라고 고수했다. '영업
종료 시간'은 폐지된 지 오래된 관습이지만 마테스는 어느 파티
에서든 음주에 관해서라면 이 두 가지 '불연속 상태'를 철저히 지

● 　Ruhrpott, 독일 두이스부르크와 도르트문트의 인구 밀집 지역 – 옮긴이

켰다. 마테스는 내면에서 영업 종료 시간을 알리는 마지막 종이 울릴 때까지는 완전히 말짱한 상태를 유지했다. 하지만 어느 순간 그는 영화배우 데이비드 하셀호프David Hasselhoff나 하랄트 융케 Harald Juhnke와 대결할 태세로 술을 들이부었다.

이런 날이면 파티가 끝난 후 셰어하우스 친구들 중 한 명이 마테스를 둘러업고 자기 방으로 데려가거나 짐짝처럼 질질 끌고 집까지 데려다줘야 했다. 우리 중 누구도 마테스를 택시까지 태워 집에 보낼 마음은 없었기 때문이다. 그런데 마테스가 이런 민폐를 끼쳤다고 해서 그에게 오래 삐쳐 있는 친구들은 거의 없었다. 마테스만의 또 다른 독특한 습관 때문이었다. 이 습관에 대해서는 우리 셰어하우스 친구들 모두의 칭찬이 자자했다. 마테스는 이 습관을 '증오의 빵 굽기'라고 했는데, 사실 그가 이처럼 과격한 표현을 붙인 데는 눈물겨운 사연이 있다.

어린 시절 불면증에 시달렸던 마테스는 잠이 오지 않아 우울한 날이면 요리쇼나 베이킹쇼를 시청했다고 한다. 숱하게 많은 불면과 우울의 밤을 보낸 마테스는 결국 빵 굽기와 케이크 만들기 수준이 거의 달인의 경지에 올랐다. 신체 곳곳에 타투를 한 회계사의 손끝에서 나왔으리라 짐작할 수 없을 정도로 그는 기막히게 빵을 잘 구웠다.

마테스가 내면의 영업 종료 시간을 넘기는 날이면 우리 중 누군가는 술에 떡이 된 그를 책임져야 했지만 기꺼이 그 일을 감당했다. 그 다음 날 셰어하우스 문 앞에는 맛있는 케이크가 놓여 있었기 때문이었다. 원래 영국 음식은 맛이 없기로 유명하지 않은가. 그런데 셰어하우스에서 몇 년을 지내면서 빵 굽기의 달인 마테스가 구워준 맛좋은 빵으로 호강한 덕분에 이런 선입견은 싹 사라졌다.

그때 짧게 "미안, 내 컨트롤러가 손에서 미끄러졌어"라고 웅얼대는 소리가 들렸다. 플레이스테이션3PS3 컨트롤러게임조종기 때문에 아무래도 일이 터질 것 같다는 불길한 조짐이 느껴졌다. 이내 주방에서 둔탁한 소음이 들렸고 이것은 현실이 되었다. 이 소음의 정체는 화가 난 톰이 PS3 컨트롤러를 벽에 집어던지는 소리였다. 톰은 내 일생의 절반을 함께한 친구였기 때문에 나는 톰을 너무 잘 알았다. 대머리에 덥수룩하게 수염을 기른 종교 교사 톰은 웬만해선 마음의 평정을 잃지 않았다. 그런데 마테스와 FIFA 게임을 할 때면 완전히 다른 사람으로 돌변했다. 톰이 주방에 내동댕이친 컨트롤러만 해도 벌써 몇 개째인지 모른다.

남자들만 사는 셰어하우스에는 대개 비공식 FIFA 게임 룰이 있다. '게임에 진 사람이 다음 라운드 게임을 하며 마실 맥주를 냉장고에서 가져온다'는 것과 '비길 때까지 맥주 한 박스를 비운다' 등이다. 이 두 가지 룰은 누구나, 특히 루르포트 지역에 살던 사람이라면 엄마 젖을 먹던 시절부터 익히 알고 있다. 그런데 우리 셰어하우스에는 불문율이 하나 더 있었다. 매주 먼저 열 게임을 시작한 사람이 열 번째 승리한 날 저녁에 배달 서비스 음식을 선택할 권리를 누리는 것이었다. 원래 톰이 마테스보다 게임을 훨씬 더 잘한다. 그런데 마테스의 게임 실력이 나날이 좋아지면서 마테스가 두 시간 만에 이 목표를 달성했던 것이다. 말 그대로 톰은 주머니를 탈탈 털릴 판이었다. 새로운 게임 강자로 등극한 마테스는 고기를 좋아했고 항상 그리스식 식당인 '기로스* 탁시(Gyros Taxi)'의 음식을 골랐다. 고기 요리 위주인 기로스 탁시의 음식 중에는 채식주의자였던 톰이 먹을 수 있는 메뉴가 별로 없었다. 마찬가지로 그리스 음식점인 '기로스-에르메스(Gyros-Hermes)'에서도 채식주의자 톰을 위해 육식주의자 마테스가 선택할 수 있는 채식요리는 사실상 세 가지뿐이었다. 그중 두 가지는 채식요리라고 되어 있지만 정말로 채식주의자를 위한 요리인지, 솔직히 우리도 아직까지 완전히 믿지는 못하겠다.

게임 다섯 판이 끝나면 의무적으로 컨트롤러를 교체하고 설정

---

* Gyros, 터키의 케밥처럼 커다란 쇠꼬챙이에 소고기, 닭고기, 돼지고기 등을 겹겹이 꿰어 회전 구이한 음식. 이렇게 구운 고기에 양파, 토마토, 차지키 소스를 넣고 밀전병으로 싸서 먹기도 한다 - 옮긴이

을 영국의 프리미어 리그에서 독일의 분데스리가로 바꿨다. 그래도 톰은 게임에서 열세를 면치 못했다. 패스트푸드를 먹을 수 있는 확률이 점점 희박해지면서 오늘밤 내 뱃속을 채워줄 음식은 차지키 소스에 적신 감자튀김밖에 없으리라는 슬픈 예감이 밀려왔다. 30분쯤 후 나는 마테스의 주방에서 울려퍼지는 환호성을 들었다. 마테스가 소파 앞에 부동자세로 서서 영국 국가를 부르고 있는 모습이 눈에 선했다. 내 방은 주방 옆이었는데 벽이 얇아서 유난히 소음이 잘 들렸다. 나는 주먹으로 벽을 쿵쿵 쳤다. 얼마나 쿵쿵거렸는지 PS3 컨트롤러 구매 원클릭 버튼 위에 있던 마우스 커서가 흔들렸다. 이후 아무 일도 일어나지 않았고 몇 분 후 마테스는 다시 잠잠해졌다.

마테스가 이상하리만치 너무 조용하니까 나는 슬슬 걱정이 되기 시작했다. 나는 톰을 너무 잘 알았다. 톰이 자신의 패배를 순순히 인정하기에는 너무 늦은 타이밍이었다. 마테스가 한 번만 더 이기면 톰은 꼼짝없이 채식주의자들의 사막으로 내몰릴 상황이었다. 작은 셰어하우스에서 FIFA 게임을 해본 사람이라면 어떤 상황인지 짐작이 갈 것이다. 친구들끼리 저녁에 시켜 먹을 배달 음식 선택권을 두고 유치한 내기를 하는 건 기본이고 상황이 이쯤되면 이 게임은 두 사람에게 치졸한 선택권 이상의 문제, 즉 자존심 싸움이 된다는 사실을 말이다. 이 사태가 발생했을 당시에는 폭력적인 '킬러게임Killerspiel'이 없었다. 그렇다고 해도 폭력을 미화한 컴퓨터 게임 내기의 근원지는 '볼펜슈타인 3D *'가 아니라 'FIFA 93'이었을 것이다. 수컷들만의 셰어하우스에서 FIFA는 재미로 하는 게임이 아니라 전쟁이다. FIFA 게임 하나 때문에 셰어하우스는 순식간에 맥주 거품 바다가 되고 기름진 패스트푸드만 먹다 보니 손가락은 기름범벅이 되기 일쑤였다. 심지어 남자들의 자존심에 금이 갈 수도 있었다.

침묵이 길어지자 불안해진 나는 아무 일이 없는지 확인해보기로 했다. 내가 주방에 들어간 순간 톰은 '눈에는 눈, 이에는 이'라는 기독교의 교리를 실천하려던 중이었다. 몇 날 며칠 게임에 지는 바람에 제대로 먹지도 못하고 주린 배를 움켜쥐어야 했던 톰은 마테스에게 '끈적거림'으로 보복할 생각이었다. 경기 종료를 알리는 마지막 휘슬이 울리자 톰은 마테스의 함성에 귀가 아픈 것이 아니라 속이 쓰려서 죽을 지경이었다.

톰은 천천히 소파에서 일어나더니 컨트롤러를 조심스레 식탁 위에 올려놓고 발을 질질 끌면서 냉장고로 갔다. 냉장고 앞에 도착하자마자 그는 맨 위 칸에서 맥주 두 병을 꺼내어 제자리로 돌아왔다. 이때 나는 뭔가 일이 터지겠구나 싶었다. 톰도 나도 세

---

●　Wolfenstein 3D, 1992년 MS‒DOS용으로 출시된 전쟁 게임‒옮긴이

어하우스 생활을 오래 했기 때문에 공동 냉장고에서 다른 사람의 맥주를 꺼내 마신 후에는 도로 채워놔야 한다는 것쯤은 잘 알고 있었다. 냉장고 옆 박스에 맥주가 반쯤 더 남아 있는 경우라면 남의 맥주를 그냥 꺼내 마시는 것은 더욱 안 될 일이라는 것도 말이다.

쓰디쓴 참패의 현장인 주방에서 소파로 돌아온 톰은 음침한 공원이나 클럽에서 맥주를 파는 사람들처럼 능숙한 솜씨로 눈 깜짝할 사이에 라이터를 이용해 맥주병 두 개를 따더니 마테스에게 맥주병 하나를 건넸다. 이것은 보나마나 1밀리 초(0.001초) 후 톰의 손에 들린 맥주병의 바닥과 승자인 마테스의 맥주병 주둥이를 충돌<sub>태핑</sub>시키기 위한 속셈이었다.

마테스의 귀에 경쾌하게 두 병이 부딪치는 '짠' 소리가 들릴 때 맥주의 운명은 이미 정해져 있었다. 불과 1초도 안 되는 순간, 마테스는 자신과 맥주병 사이의 거리를 최대한 멀리할지 아니면 맥주 캔 바닥에 구멍을 뚫어 마실 때처럼 병의 주둥이에서 폭포수같이 콸콸 쏟아져 내리는 맥주를 있는 힘껏 빨아 들이킬지 결정해야 할 기로에 놓였다. 그 상황에서 마테스의 반사신경은 다른 선택을 할 여지가 없었기에 마테스는 잽싸게 병을 입에 갖다댔다. 물론 이것이 최고의 선택은 아니었다. 마테스의 코에서 이내 맥주가 콸콸 쏟아졌기 때문이다. 얼마나 거품이 많은지 마테스는 마치 광부였던 우리 할아버지가 갱내에서 2교대 근무를 하고 돌아오셨을 때처럼 숨을 헐떡였다. 많은 양의 차가운 맥주가 마테스의 컨트롤러로 쏟아져 내렸고 새해 기념으로 깨끗하게 청소해 놓은 주방 바닥이 엉망이 되고 말았다.

고소해 죽겠다며 배꼽이 빠져라 웃는 톰의 모습, 맥주를 닦아내느라 눈 깜짝할 사이에 반 통이나 사라진 키친타월, 마테스가 일부러 그런 건 아닐 테지만 나중에는 마테스의 입에서 터져나오는 욕설까지 그야말로 가관이었다.

한바탕 소동이 끝나고 톰과 마테스가 격전을 벌일 팀을 선택할 시간이 왔다. 이번 격전지는 스페인의 프리메라리가였다. 말만 그렇지 톰이 격전을 벌이고 싶은 척 노력했다고 하는 편이 더 정확할 것이다. 마테스의 컨트롤러가 갑자기 강제 맥주 샤워를 당하는 바람에 제대로 작동되지 않았던 것이다. 마테스가 맥주에 젖은 컨트롤러를 열심히 톡톡 두들겨 닦았으나 모서리의 숄더버튼에서 맥주가 뚝뚝 떨어지면서 맥주 찌꺼기들이 계속 나왔다. 왼쪽의 아날로그 스틱은 몇 초 단위로 먹통이 되었다. 톰은 이 정도는 지난주 가운뎃손가락이 삐었던 것에 비하면 비교적 사소한 핸디캡이라며 마테스에게 게임을 하자고 설득했다. 지난주 마테스가 운동 시간에 대표로 뛰다가 가운뎃손가락을 삔 사건이 있었다. 그럼에도 우리는 마지막 승부를 가릴 저녁 게임을 동전 던지기로 정하는 데 합의했다.

　그리고 나는 다시 컴퓨터로 가서 만일의 사태에 대비해 컨트롤러 두 개를 쇼핑몰 장바구니에 바로 넣어놨다. 마침 그때 나는 마테스가 얍삽하게 자신과 톰을 위해 차지키 소스와 프렌치프라이를 주문하는 소리를 들었기 때문이다……. 그렇게 나는 FIFA 전쟁에 휩쓸리고 말았다.


　FIFA 전쟁에 직접 연루된 경험이 있거나 그 살벌한 현장을 목격한 적이 없는 사람이 아니라도 맥주병의 목 부분을 탁 치면 거품이 넘쳐흐르는 현상을 안다. 이 음모를 꾸민 자는 파티에서 비열한 속셈으로 친구를 골탕 먹이려는 사람일 수도 있고 누군가를 골탕 먹이기를 즐기는 사람일 수도 있다. 작은 파티와 대형 콘서트장을 불문하고 맥주병을 따는 곳이라면 어디서나 맥주 거품을 홀딱 뒤집어쓰는 피해자가 발생할 수 있다.

　맥주 거품을 폭발시키는 방법은 여러 가지가 있는데 맥주 바에서 사용하는 고전적 수법이 가장 인기가 많다. 언뜻 보기에 맥주 거품이 폭발하는 프로세스는 아주 단순한 듯하지만 사실은 그렇지 않다. 이 프로세스를 자세히 관찰하다 보면 몇 가지 궁금증이 생기는데 그 답을 바로 찾기는 쉽지 않다. 그중 사람들이 가장 많이 궁금해하는 것은 '왜 맥주 거품이 넘쳐흐르는지', 그리고 '왜 병의 아랫부분에 충격을 가할 때만 탄산이 폭발하듯 뿜어져 나오는지' 하는 것이다.

많은 사람들이 첫 번째 질문의 답은 대충이라도 짐작한다. 그런데 두 번째 질문을 들으면 대부분은 머릿속이 하얘지면서 아무 대답도 못한다. 맥주병에 세차게 충격을 가하면 처음에는 아무 일도 일어나지 않다가 돌연 맥주 거품이 화산처럼 분출하며 솟아오른다. 대체 이유가 무엇일까? 이 질문은 여전히 많은 사람들에게 수수께끼로 남아 있다.

나 역시 몇 년 동안 이 두 가지 질문에 대해 만족스러운 답을 찾지 못했다. 맥주 거품이 분출하는 것은 일상에서 흔히 접할 수 있는 광경이지만 사실은 매우 복잡한 물리적 현상이다. 이 현상을 제대로 연구한 학자가 없었던 것도 이 때문이다. 나는 파티에서 이 현상을 관찰하면서 한 병에서 다른 병으로 충격량이 이동하는 것과 탄산으로 말미암아 포화 상태가 된 용액(맥주)의 균형이 깨진 것 사이에 상관관계가 있으리라고 추측했다. 하지만 맥주병끼리 충돌시켰을 때 거품이 바로 솟아오르지 않고 잠시 뜸을 들였다가 마구 치솟는 현상은 과학적으로 설명할 수 없었다. 2014년 드디어 나는 그 답을 찾았다.

# 실험
## : 작은 충격 큰 효과

　　맥주병 바닥을 세게 치면 거품이 넘쳐흐른
다. 이 현상은 수십 년 동안 과학적으로 규명되지 않은 상태로 있
었다. 스페인 마드리드카를로스3세대학교의 하비에르 로드리
게스-로드리게스Javier Rodriguez-Rodriguez와 알무데나 카사도-차콘
Almudena Casado-Chacon, 프랑스 피에르-마리퀴리대학교의 다니엘 푸
스터Daniel Fuster의 공동 연구팀이 드디어 '맥주 태핑'의 원리를 규
명했다. 이 연구는 아마 세 연구자의 친구들과 호기심에서 시작
된 듯하다. 세 사람은 상당히 많은 비용과 시간을 들여 연구한 끝
에 2014년《피지컬 리뷰 레터스Physical Review Letters》에「맥주 태핑

의 물리학Physics of Beer Tapping」이라는 제목의 논문을 발표했다.°《피지컬 리뷰 레터스》는 미국 CBS에서 방영되었던 인기 시트콤 〈빅뱅 이론The Big Bang Theory〉의 레오나르드 호프스태터와 셸던 쿠퍼의 실존 인물인 미국의 물리학자 로버트 호프스태터Robert Hofstadter와 리언 닐 쿠퍼Leon Neil Cooper를 비롯한 몇몇 노벨물리학상 수상자들이 논문을 발표했던 권위 있는 과학전문지다.

연구 대상인 맥주라는 단어를 들으면 과학 이론보다는 참석자들이 얼큰히 술에 취한 파티가 먼저 떠오른다. 하지만 여러분이 맥주를 술이 아니라 액체라고 생각하면 이 연구 결과를 통해 얻은 지식이 실생활에 매우 유용하다는 사실을 알 수 있을 것이다.

세 가지 중 가장 바탕이 되는 지식은 '맥주 태핑'의 전 과정이 3단계로 나뉜다는 사실이다. 맥주 거품이 폭발하는 것은 물리학적으로 상이한 세 가지 메커니즘으로 말미암아 일어나는 현상이다.

● 《피지컬 리뷰 레터스》 113호, 214501, 2014년.

# 1단계: 거품 발생

맥주병 두 개가 충돌한 후 0.1∼1밀리 초

하나의 맥주병과 다른 하나의 맥주병이 부딪히는 것을 충돌이라고 한다. 충돌이라는 물리적 프로세스의 연쇄 반응으로 맥주병에서 맥주병으로 충격량이 전달된다. 두 개의 맥주병이 충돌하는 순간 충돌 지점은 잠시 압축된다. 그리고 작은 압력파가 음속으로 이동하는데 그 속도는 공기 중에서 유리를 통과하여 바닥에 닿을 때까지보다 15배가 빠르다. 병이 압력을 받았을 때 원자의 양은 아주 적기 때문에 모든 프로세스는 순식간에 진행된다. 따라서 이 프로세스는 육안으로 관찰할 수 없다.

뉴턴 진자가 흔들릴 때의 모습을 상상하면 이해하기 쉽다. 진자에 달린 구슬 하나를 잡아당겼다 놓으면 이 구슬이 다른 구슬과 충돌하면서 이 구슬로부터 다른 구슬로 충격량이 전달된다. 뒤에 나오는 그림처럼 첫 번째 구슬과 두 번째 구슬이 충돌하면 진자에 달린 구슬들이 달그락 소리를 내며 연쇄적으로 충돌한다. 그리고 마지막 구슬을 출발점으로 하여 반대 방향으로 동일한 프로세스가 새로 시작된다.

맥주병 유리의 원자들도 이와 유사하게 행동한다. 책상 위에 놓인 장식용 진자보다 구슬 수가 많다는 점만 다르다. 엄밀히 말

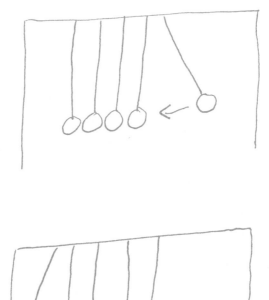

~딸깍~ ~딸깍~ ~딸깍~

뉴턴 진자는 멋진 책상용 장난감일 뿐만 아니라 운동량 보존 원리를 쉽고 재미있
게 공부할 수 있는 도구다.

하면 원자는 구슬이 아니다. 그리고 유리를 구성하고 있는 원자들은 뉴턴 진자처럼 질서정연한 배열로 흔들리지 않는다. 이 설명은 여러분의 이해를 돕기 위해 그림을 이용하여 아주 단순화한 것이다. 이 단순한 모형은 초보자들에게 맥주병 유리를 통과하여 바닥으로 이동하는 압력파*를 설명하기에 좋다. 충격량 전달 원리를 좀 더 정확하게 알고 싶은 사람들은 주저하지 말고 복잡한 전문 서적을 펼쳐보길 바란다. 개인적으로 추천하는 책은 베르너 골드스미스Werner Goldsmith의 『충돌: 충돌하는 고체에 관한 이론과 물리적 거동Impact: The Theory and Physical Behaviour of Colliding Solids』이다.

하지만 여기서는 뉴턴 진자를 이용해 쉽게 설명하려고 한다. 뉴턴 진자와 마찬가지로 맥주병 바닥에 압력파가 도달할 때 압력파가 반사되면서 흐르는 방향이 바뀐다. 이때 유리를 통과한 압력파의 방향만 바뀌는 것이 아니라 압력파가 맥주병에 있는 유체, 즉 맥주로 전달된다.

맥주병과 뉴턴 진자와의 또 다른 차이점이 있다. 원래 압축파였던 파동이 맥주병의 바닥을 통과하면서 팽창파**로 바뀐다는

---

● pressure wave, 유체 중에 생긴 상태 변화가 유한 속도로 전해지는 현상인 파동波動에 따라서 압력이 변화할 때의 파. 압축파라고도 한다 - 옮긴이

●● expansive wave, 통과하는 매체를 팽창시키는 충격파 - 옮긴이

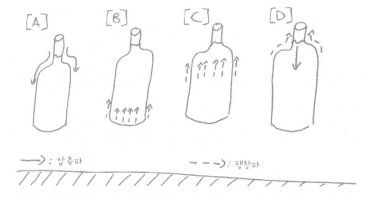

—→ : 압축파        - - -→ : 팽창파

[A] 압축파가 유리를 통과하여 맥주병의 바닥으로 흘러간다.
[B] 압축파가 바닥에서 반사되면서 팽창파로 바뀐다.
[C] 팽창파가 맥주를 통과하여 병의 윗부분까지 전달된다.
[D] 팽창파가 다시 압축파로 바뀐다.

것이다. 이러한 유형의 파동이 발생할 때 원자는 잠시 압축되는 대신 잡아당겨지기 때문이다.

두 개의 맥주병을 충돌시키면 압축파가 맥주병 유리를 통과하여 바닥까지 직접 흐른다[A]. 이때 압축파가 반사되면서 팽창파로 변하고[B], 팽창파가 맥주를 통과하면서 맥주병 윗부분으로 흘러간다[C]. 맥주와 공기의 경계면 위에서 팽창파가 다시 반사되면서 압축파로 변한다[D]. 이 압축파가 다시 맥주병 바닥 방향으로 흐르면서 지금까지의 프로세스가 처음부터 다시 반복된다.

이 모든 프로세스는 엄청나게 빠른 속도로 진행된다. 두 개의 맥주병이 부딪히고 1밀리 초도 안 되는 짧은 순간에 압축파와 팽창파가 번갈아 가며 위로 흘렀다 아래로 흘렀다 한다. 우리가 맥주병 바닥으로부터 1cm도 안 되는 위치를 정해놓고 위아래로 움직이는 파동을 관찰한다고 하자. 이 파동이 팽창파라면 우리 주변에서 압축파가 요동칠 때마다 강한 정압*과 강한 부압**을 측정할 수 있다.

로드리게스-로드리게스, 카사도-차콘, 푸스터는 맥주병에 위치를 정하고 음파탐지기로 파동의 변화를 측정하여 이 프로세스를 설명하는 데 성공했다. 음파탐지기는 마이크로폰과 유사한 원리로 작동되는 장치로, 공기 중 압력 변화뿐만 아니라 수중 압력 변화를 측정하기 쉽도록 전자 신호로 전환시킨다.

다음은 음파탐지기로 측정한 압력의 변화를 그래프로 나타낸 것이다. 첫 번째 곡선은 우리가 정해놓은 맥주의 측정 지점에 도달했을 때의 파동인 팽창파다. 이 팽창파는 맥주병 바닥의 유리

---

- ● positive pressure, 물체의 표면에 대하여 압축하는 방향으로 작용하는 압력 – 옮긴이
- ●● negative pressure, 물체의 표면에 물체를 흡인하는 방향으로 가해지는 수직력. 흡인력이라고도 한다 – 옮긴이

에서 액체로 전달된다. 즉, 처음에 측정하는 것은 강한 부압이다
(a). 이어 이 파동이 액위液位의 윗부분에서 반사되고 압축파로 변
했다가 다시 팽창파가 되어 우리에게 돌아온다. 이때 측정하는
것은 강한 정압이다(b). 그다음에 이 파동이 병의 바닥에서 다시
반사되면서 팽창파가 한 번 더 유리를 통과한다. 바로 이 순간에
잠깐 부압을 측정할 수 있다(c). 파동이 반사될 때마다 조금씩 흡
수되면서 강도를 잃기 때문에 이 과정이 거듭될수록 정압과 부압

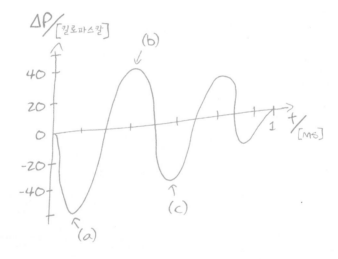

이 그래프는 맥주의 일정한 지점에서 1밀리 초 내에 압력이 정압과 부압으로 어떻
게 변하는지 보여준다.

은 감소한다.

지금까지 배운 내용을 정리해보자. 맥주병 목에 짧게 강한 충격을 가하면 충격이 가해진 부위에 주기성의 강한 압력 변화가 나타난다. 탄산음료 병을 막 땄을 때 작은 거품들을 관찰할 수 있는데, 이것은 압력의 변화가 극값을 가질 때 나타나는 현상이다. 팽창파일 때는 압력이 낮아지면서 거품이 팽창하고, 압축파일 때는 압력이 증가하면서 거품이 압축된다. 앞에서도 설명했듯이 이 모든 과정이 1밀리 초 내에 여러 차례 반복된다. 적절한 조명과 고속 카메라를 활용하면 맥주병에 충격을 가했을 때 발생한 압력파로 말미암아 거품이 증가했다 감소하는 과정을 거쳐 거품이 확산되는 과정을 자세히 관찰할 수 있다.

하지만 강한 압력 변화만으로는 맥주병에 충격을 가한 지 몇 초 후에 거품이 분수처럼 솟구치는 이유를 충분히 설명할 수 없다. 강한 압력 변화는 화약통 옆에서 불장난을 하고 있는 어린이와 비슷한 상태다. 대부분의 탄산 거품은 불안정한 상태의 첫 번째 압력파와 함께 붕괴되면서 임의로 수천 개의 작은 방울로 쪼개진다. 병 속의 맥주가 마법처럼 거품 분수로 변하는 과정에서 이것은 돌이킬 수 없는 지점point of no return이다.

## 2단계: 확산에 의한 거품 수 증가
두 개의 맥주병을 충돌시킨 후 1~10밀리 초

큰 거품이 아주 작은 거품들로 쪼개지면서 각각의 이산화 탄소 거품의 표면에 대한 부피의 비에 변화가 생긴다. 즉 쪼개지기 전과 무수히 많은 작은 거품들로 쪼개진 후 거품이 맥주에서 차지하는 부피는 똑같다. 이렇게 생긴 규칙적인 거품 구름의 표면적(이산화 탄소와 맥주 사이 경계면)은 원래 거품 표면적의 몇 배로 증가한다. 표면적이 증가한 결과 수많은 작은 거품들은 주변을 둘러싸고 있는 맥주의 거품에서 발생한 탄산을 훨씬 빠른 속도로 흡수하여 쪼개지기 전의 거품보다 빠른 속도로 성장한다.

이러한 거품 구름의 표면적을 측정하기 위한 단순한 이론 모델과 거품을 통과하여 이산화 탄소를 수용하는 컴퓨터 시뮬레이션을 분석하면, 거품 구름의 지름이 원래 이산화 탄소 거품의 지름보다 수백 배나 빠른 속도로 성장한다는 사실을 확인할 수 있다. 거품 구름은 마치 초소형 터보 이산화 탄소 흡입기와 같아서 맥주 구름 주변에서 맥주에 녹아 있는 탄산을 빠른 속도로 흡수한다. 이와 같이 이산화 탄소가 액체에서 기체 거품으로 변하는 프로세스를 확산diffusion이라고 한다.

여기서 우리는 서로를 강화시키는 두 가지 효과를 관찰할 수 있다. 이산화 탄소가 거품을 많이 흡수할수록 각각의 거품들의 표면적이 증가하고 정해진 시간 내에 더 많은 이산화 탄소를 빼앗긴다.

그런데 확산이 맥주 분수처럼 재미있는 구경거리를 만들어내는 유일한 이유라면 이 프로세스가 이처럼 빨리 끝날 수는 없다. 1밀리 초도 안 되는 짧은 순간에 구름으로 둘러싸인 맥주의 이산화 탄소가 감소한 후에는 확산 프로세스가 중단된다. 다행히 맥주바의 세련된 트릭을 사용하면 모든 친구들이 거품 세례로 피해를 입지 않는다. 이제 세 번째이자 마지막 물리적 효과를 소개하려고 한다.

### 3단계: 부력*

두 개의 맥주병이 부딪히고 0.1〜1초 후

확산으로 말미암아 주변의 이산화 탄소가 감소하고 모든 프로세스가 중단된다. 이 순간부터는 규칙적으로 성장한 구름에서 생성된 부력의 역할이 중요해진다. 압력의 변화와 병의 움직임에

●    lift, 유체 속의 물체가 수직 방향으로 받는 힘 – 옮긴이

상관없이 구름의 부력을 연구하려면 약간의 트릭을 써야 한다.

이론물리학자들은 농담반 진담반으로 성능 좋은 레이저가 연구에서 중요한 역할을 한다고 말한다. 학자들이 실제로 레이저를 맥주병의 한 지점에 집중적으로 쏘아보았다. 다른 현상과 별개로 부력과 증가 현상만을 연구하기 위해 실제로 레이저 펄스를 짧게 여러 차례 쏜 결과 정해진 직경의 거품 구름을 생성하는 데 성공했다.

이 연구를 통해 맥주병에 있는 수천 개의 작은 구름들이 균일하게 위로 솟아오르는 것이 아니라, 병의 목 방향으로 특정 부위에만 제한적으로 소용돌이 고리가 형성된다는 사실을 확인했다. 이 고리는 필스*의 (핵무기가 폭발할 때 생성되는) 버섯구름처럼 생겼다(내 어휘력이 모자라 이 정도로밖에 표현하지 못하는 것이 안타깝다). 맥주병끼리 충돌시키는 순간 조명을 밝게 하면 소위 기체가 피어오르는 기둥Plumes을 맨눈으로도 선명하게 볼 수 있다. 고리처럼 생긴 소용돌이로 인해 맥주의 구름이 위로 상승할 때 맥주의 내용물은 잘 섞이고, 이산화 탄소 성분이 풍부한 맥주가 이산화 탄소에 굶주린 주변의 거품에 도달한다. 이러한 '버섯구름' 안에 들어 있는 거품은 각각 분리되어 있는 상태의 거품보다 빠른

---

● Pils, 1842년 체코 플젠에서 처음 만들어진 황금색의 라거 맥주 – 옮긴이

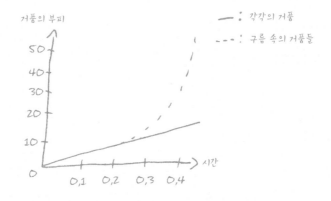

거품의 부피

— : 각각의 거품

---- : 구름 속의 거품들

시간

거품 구름의 표면적이 엄청나게 커지면서 구름 내의 부력도 증가한다. 그 결과 작은 거품 구름들은 몇 개의 큰 거품보다 훨씬 빠른 속도로 성장한다.

속도로 상승한다. 따라서 주변을 둘러싸고 있는 맥주에서는 이산화 탄소 결핍 현상이 전혀 일어나지 않고 거품의 개수가 기하급수적으로 증가한다.

바로 여기에서 맥주 거품이 폭발하듯 치솟는 이유를 찾을 수 있다. 거품의 개수가 더 많아질수록 거품은 더 빠른 속도로 상승한다. 거품이 빠른 속도로 상승할수록 거품의 개수가 증가하는 데 필요한 이산화 탄소가 더 많아진다. 쉽게 말해 이것은 서로를 강화시키는 프로세스다.

사람들에게는 인디아나 존스처럼 용감해지는 순간이 있다. 이럴 때 우리는 영화에서처럼 경멸스런 원자폭탄 하나가 코앞에 떨어지는 순간에도 냉장고 안으로 숨어드는 초인적인 힘을 발휘한다. 이런 상황과는 달리 맥주병 안에는 버섯구름이 한 개가 아니라 여러 개가 생긴다. 그것도 압력의 변화 때문에 큰 거품이 작은 거품으로 쪼개진 그 자리에 말이다.

맥주병끼리 충돌시킬 때 거품이 폭발하듯 넘쳐흐르는 경우는 극히 드물다. 학자들은 그 이유를 연구해왔지만 앞에서 이야기한 압축파와 팽창파 모델로는 절반 정도밖에 설명할 수 없다. 첫 번째 압축파는 충돌을 가하는 병은 물론이고 충돌이 가해진 병에서도 위에서 아래로가 아니라 아래에서 위로 흐른다. 충돌을 가하는 병이 열려 있을 경우 충돌이 가해진 병에서처럼 이 파동이 바닥에서 반사되지 않는다. 따라서 압력 변화가 특정한 위치에서만 일어나지 않는다. 물론 충돌을 가하는 병에서도 간혹 거품이 폭발하듯 넘쳐흐르는 경우가 있다. 병목의 폭이 매우 좁을 때 강한 타격으로 생성된 압력파는 맥주병의 뚜껑이 닫혀 있는 상태와 비슷하기 때문이다.

여기서 잠시 지금까지의 내용을 간단히 정리해보자. 맥주병에 충격을 가하면, 맥주병에 들어 있던 이산화 탄소 거품이 압력 변화로 말미암아 수천 개의 작은 거품으로 쪼개지고 그 맥주병은 맥주 거품을 뒤집어쓰고 희생양이 된다. 이 작은 거품들이 원자폭탄이 폭발할 때 형성되는 버섯구름과 유사한 소용돌이를 만들면서, 맥주에 포함된 이산화 탄소를 급속한 속도로 흡수함으로써 거품의 개수가 기하급수적으로 증가한다. 이러한 연쇄 프로세스 자체가 물리적 효과를 서로 강화시키며 이 프로세스의 진행 시간은 대략 1초 정도다. 그 결과 탄생한 것이 앞에서 얘기한 송년의 날 밤에 PS3 컨트롤러를 덮쳐 고물 신세로 전락시킨 거품 분수다.

이러한 프로세스는 사회적으로도 유용한 지식이다. 맥주나 탄산수와는 꽤 동떨어진 대형 장비 프로세스 혹은 자연 상태에서도 간혹 액체에 녹아 있는 기체 중 다량이 방출되는 사고가 일어나 처참한 일이 발생하기도 한다. 이러한 가슴 아픈 사건 중 하나가 1986년 8월 21일 카메룬공화국의 니오스호Lake Nyos에서 있었던 재해다. 니오스호의 깊은 수층水層에는 10만~30만 톤의 이산화 탄소가 용해되어 있었는데 이날 갑자기 폭발했다. 그 이유는 아직까지도 밝혀지지 않았다. 급격히 커진 이산화 탄소 구름이 밀려오면서 단 몇 분 만에 27km 반경으로 방출되어 숨 쉴 공기가 사라졌다. 이 재해로 약 1700명이 목숨을 잃었다.

지하 깊은 층에서는 고체인 암석이 고온으로 말미암아 액체가 된다. 화산이 폭발할 때 이처럼 용융 상태의 암석으로부터 갑자기 가스가 분출되는 현상을 관찰할 수 있다. 이것은 압력이 낮아지면서 가스가 더 높은 층으로 상승해 나타나는 현상이다.

'맥주 태핑' 모형 체계 연구를 통해 얻은 지식은 지질학자들에게도 유용하다. 이를테면 화산 폭발 프로세스를 이해하고 적절한 대책을 마련하여 카메룬에서 있었던 것과 같은 재해를 예방하는 데 활용될 수 있다. 맥주 거품이 넘치는 현상은 사소한 일처럼 보이지만 정확한 원리를 규명하려는 이 연구가 인류의 삶을 구원하는 데 기여할 날이 올지 모른다.

그날 밤 톰은 차지키 소스에 푹 적셔진 감자튀김 포장을 열면서 토할 듯이 오만상을 찌푸렸다. 물론 이때 톰의 표정에서는 인류의 삶을 구원하겠다는 포부 따위는 찾아볼 수 없었다. 운명의 여신이 톰의 손을 들어주지 않고 그에게 배고픔이라는 형벌을 내렸던 것이다. 톰이 포장을 뜯는 순간 마늘 향이 진동하는 걸쭉한 죽이 그의 접시에 살포시 담겼다. 결국 톰은 또 한 번의 참패를 당하고 말았다. 톰은 지독한 마늘 향에 괴로워하며 코를 문질렀고 그의 뱃속에서는 꼬르륵 소리가 요동을 쳤다. 톰은 배가 고프다 못해 속이 쓰려 경련이 일어날 지경이었다. 마테스는 아무 내색도 하지 않고 속으로 톰에게 복수를 다짐하고 있었다.

## 2장.
# 맥주를 최대한 빨리
# 시원하게 만들어 마시는 방법
### _동결제를 사용한 저온 냉각

**셰어하우스 현관: 저녁 7시 30분**

나는 셰어하우스 현관에 마지막으로 남아 있
던 다 마신 맥주병 박스를 지하실로 옮겼다. 그때 첫 번째 파티
손님들이 쿵쿵거리는 소리, 3초 간격의 폭발음, 자욱한 담배연기
를 예고하며 자신들의 도착 소식을 알렸다. 파티가 저녁 7시에 시
작된다고 말하며 사람들을 초대했기 때문에 밤 10시 이전에는 아
무도 오지 않을 것으로 예상하고 있었다. 지금 도착한 이들은 우
리 셰어하우스의 '고정 멤버'인 진짜 손님들이었다. 유리는 일주
일에 적어도 두 번은 자신이 직접 개조한 고물 폴크스바겐 버스
를 몰고 눈발이 흩날리는 쾰른가로 왔다. 사업 때문에 보훔으로

이사를 가기 전인 1년 전까지 유리는 우리 셰어하우스에서 함께 살았다. 이 '사업'이 대체 무엇인지는 아직도 미스터리다. 셰어하우스 친구들 중에도 유리의 직업을 정확하게 알고 있는 사람이 없기 때문이다. 우리가 유리에게 직업을 물을 때마다 매번 새로운 이야기를 쏟아냈다. IT 컨설턴트 혹은 SAP 컨설턴트, 소규모 주식투자, 러시아의 문구용품 공장을 유산으로 받은 과거사까지 지난 8년 동안 우리는 그의 온갖 인생사를 다 들었다.

내가 유리에 대해 확실히 알고 있는 사실은 단 한 가지다. 키가 작고 살짝 통통한 러시아계 독일인으로 1988년 부모님과 함께 구동독을 통해 독일로 넘어왔고, 이때 허리띠를 졸라매고 돈을 모아 처음 산 차가 덜덜거리는 고물 폴크스바겐 버스라는 사실이다. 어쩌면 유리는 너무 정이 들어 이 똥차를 아직도 몰고 다니는지도 모르겠다. 그는 이 똥차를 다정하게 '늙은 아줌마'라고 불렀는데, 2년에 한 번씩 자동차 검사소에 갈 때마다 욕설을 퍼붓고 윤활유를 칠하면서 "늙은 아줌마, 이번에만 타고 정말 안녕이야"라고 말했었다.

유리는 폐차 직전인 폴크스바겐을 WD-40 윤활 방청제와 덕트 테이프로 구제하려던 중 독일 여성 잉에를 알게 됐다. 마침 잉에는 고물이 된 스쿠터 시몬 슈발베를 잘 고쳐서 다시 타고 다니려고 이베이 광고에서 스크루 드라이버를 찾고 있었다. 중간 정도 키에 늘씬한 금발 아가씨인 잉에는 광신적 애국주의자에 작달막한 유리에 대해 종일 험담을 늘어놓았다. 그런데 두 사람은 스쿠터를 함께 해체하고 '동독의 기술력'으로 보수를 하고 용접하다가 마음까지 하나가 되고 말았다. 둘 다 인정하지 않을지 모르지만, 오만방자한 쾰른 여자 잉에와 아나키스트 러시아인 남성 유리는 첫눈에 서로 눈이 맞았다.

나는 현관 유리창으로 유리가 여우 꼬리와 지붕 안테나가 달린 노란색 흉물 똥차를 우리 셰어하우스 문 앞에 세워져 있던 잉에의 스쿠터 슈발베 바로 옆에 주차하는 모습을 보고 있었다. 잉에 말고도 내가 생판 모르는 사람들 한 떼거리가 차에서 내리더니 러시아 말로 시끄럽게 떠들어댔다. 그런데 이 떼거리가 눈발을 헤치고 온 유리의 똥차에서 무수히 많은 검은 상자와 케이블 드럼˚을 꺼내더니 우리 집 쪽으로 질질 끌고 오는 것이 아닌가.

이미 말했지만 유리는 우리 셰어하우스의 손님이 아니라 오랜 '고정 멤버'였다. 그래서 파티 음악을 유리한테 맡아달라고 부탁했었다. 사실 우리는 음악 취향이 서로 같기 때문에 걱정할 일이 없을 거라 생각했다. 그런데 유리의 제안을 들은 톰은 깜짝 놀라 말문이 막혀버렸다. 간이 콩알만 한 톰은 최악의 사태를 우려했

˚   전선 등을 감는 북 모양의 얼레 - 옮긴이

던 것이다. 유리가 계획하는 일은 적법과 위법 사이에 있었기 때문에 언제나 아슬아슬했다. 까딱 잘못하면 통제 불능 상태에 빠질 수도 있었다. 예상과는 전혀 다른 사태가 벌어질지라도 새롭게 발전할 수 있는 시간이 되리라는 유리의 말도 일리는 있었지만 말이다.

유리의 똥차가 마지막 절규를 하듯 큰 소음을 내다가 겨우 브레이크가 걸렸다. 그리고 몇 분 후 현관 벨이 울렸다. 마침 지하실로 내려가던 내가 문을 열어주었다. 미쉐린 정비공처럼 짐을 한 보따리 가지고 있던 유리가 돌진하듯 들어왔다. 유리는 "맥주랑 제대로 된 술 받아라!"라고 말하며 나한테 슈타우더 필스 맥주 한 박스와 게롤슈타이너 탄산수 4병을 밀어 넘겼다. 사실 게롤슈타이너 탄산수 병 안에 들어 있는 것은 탄산수가 아니었다.

유리는 어렸을 때 아버지로부터 감자로 음료를 제조하는 법을 전수받았다고 한다. 가난했던 시절 먹고살려면 이런 장사를 해서라도 돈을 벌어야 했기 때문이었다. 이 레퍼토리가 나올 때마다 유리가 당시 상황을 거듭 강조하며 빠뜨리지 않고 하는 말이 있었다. "당시 우리에게는 아무것도 없었어"라는 말이었다. 우리가 유리에게 집에서 특별 제조한 이 증류수를 즐겨 마시다가 시력에 문제가 생긴 친척들이 얼마나 되는지 물으면, 그는 음흉한 웃음을 짓거나 스탈린그라드 전투와 체르노빌 원전 사태를 겪고도 90

세 넘게 사셨다는 자기 할아버지 얘기를 꺼내곤 했다. 유리의 할아버지로 말할 것 같으면 때때로 공업용 알코올을 차에 섞어 마시곤 했는데 건강에 큰 문제가 없었다고 했다. 그런데 유리는 할아버지가 70세에 거의 앞을 보지 못하고 휠체어 신세를 져야 했다는 말은 쏙 빼놓았다.

유리와 잉에는 살짝 숨을 헐떡거리며 2층까지 올라왔다. 이때 제일 먼저 이곳까지 와서 자기 집에 들어가 꾸벅꾸벅 졸고 있던 빌헬름이 원래 모든 방문객에게 그렇듯이 꼬리를 흔들며 두 사람을 환영했다. 덩치가 큰 불도그 빌헬름은 워낙 달려들기를 좋아해서 빌헬름에게 환대를 받는 사람들은 뒤로 움찔 물러나 비틀거리곤 했다. 새로 온 집배원이나 피자 배달부 중에는 처음에 빌헬름을 보고 흠칫 놀라 배달물을 떨어뜨리는 사람도 있었다. 빌헬름은 자신이 마땅히 해야 할 일인 낯선 사람을 향한 경고를 한 후, 자기 자리로 돌아가서 다음에 올 손님이 집에 들어와도 안전한 사람인지 확인하려고 대기하고 있었다.

우리는 송년의 밤을 알차게 보낼 남은 일정을 점검했다. 먼저 지난해의 흔적인 부피가 큰 쓰레기 더미에서 소파 주변 환경을 구제하기 위한 정화 작업에 들어갔다. 이때 잉에가 냉장고를 열어봤는지 "어떤 멍청이가 내 마지막 맥주를 마시고 안 채워놓은 거야?"라고 티가 팍팍 나도록 한숨을 쉬었다. 그러자 유리가 씩씩

거리면서 저녁에 '초음파 검문'을 실시하겠다고 선언했다.

톰은 내심 찔렸지만 자기는 범인이 아닌 척 어깨를 으쓱해 보였다. 몇 분 전 유리가 찬물이 담긴 욕조에 담가놓았던 슈타우더 필스는 있어야 할 곳에서 한참 떨어진 평행 우주에서 또 다른 누군가가 즐기고 있을지 모를 일이었다. 이때 유리는 그가 맥주 박스를 샀던 주유소의 맥주 디스펜서 옆에 있는 아이스박스에 올해 여름에 사용하고 남은 으깬 얼음이 있다는 사실을 기억해냈다. 우리는 누가 얼음을 가져올 것인지 제비뽑기를 했다. 당첨자는 톰이었다. 마테스도 내심 죄책감에 시달리고 있었을 것이다.

# 실험

## : 냉각 중탕

30분 후 우리는 다시 주방으로 집합했다. 맥주는 5병만 빼고 전부 냉장고에 집어넣었다. 그리고 맥주 5병을 최대한 빨리 마시기 좋은 온도로 냉각시키기 위해 모두 내 지시를 따랐다. 한 가지 방법은 상자에 들어 있는 얼음을 그냥 욕조에 들이붓는 것이었다. 그런데 욕조에 담긴 물에 비해 얼음의 양이 너무 적으면 온도 냉각 효과가 크지 않다. 이런 경우에는 최대 냉각 온도가 0°C다.

다 함께 건배를 나눌 첫 잔을 위해 더 신속하고 효과적으로 맥주를 냉각시킬 방법이 있다. 대부분은 알고 있겠지만 얼음은 소금과 닿으면 녹는다. 하지만 얼음, 물, 소금을 섞으면 원래의 얼음보다 온도가 훨씬 낮아진다는 사실을 아는 사람은 많지 않다. 으깬 얼음주머니 하나만 있으면 맥주병 몇 개 정도는 금방 냉각시킬 수 있다. 가장 좋은 방법은 통 하나에 얼음을 가득 채우고 물을 약간 넣은 다음 소금 200g을 넣는 것이다. 이 혼합물이 고루 섞이도록 휘휘 저어주면 황금 비율은 아니더라도 몇 분 내에 '냉각 중탕' 온도를 $-8°C$로 만들 수 있다. 이 혼합물에 맥주를 잘 담가놓으면 몇 분 만에 마시기 좋은 시원한 온도로 냉각시킬 수 있다. 그런데 얼음과 물의 혼합물에 소금을 첨가하면 혼합물의 온도가 더 떨어지는 이유는 무엇일까?

그 이유를 한마디로 설명하기는 어렵다. 냉각 중탕을 할 때는 여러 가지 효과가 동시에 일어나기 때문이다. 정확하게 말해 혼합물의 온도를 어는점 이하로 떨어뜨리고 냉각시키는 데는 주로 세 가지 효과가 관여한다. 소위 상전이˚, 발열 작용, 어는점 내림 현상이다. 이 세 가지 효과 중 가장 이해하기 쉬운 상전이부터 시작해보자.

˚    phase transition, 균질한 물질이 어느 온도 및 압력으로 하나의 상에서 다른 상으로 변화하는 현상 – 옮긴이

# 첫 번째 효과: 상전이

물리학과 화학에서는 물질을 소재로만 구분하지 않고 형태로도 구분하는데 이것을 물질의 상태라고 한다. 기본적으로 물질의 상태는 고체, 액체, 기체로 구분된다. 물리학을 좀 더 깊이 들어가면 플라스마 상태* 혹은 보스-아인슈타인 응축**과 같은 물질의 상태도 있다. 하지만 이러한 상태는 지구에서는 극한의 조건에서만 발생하기 때문에 이 책에서는 다루지 않고 그냥 넘어가려고 한다. 일단 우리는 물질의 상태가 세 가지만 있다고 생각하자.

모든 물질은 반드시 이 세 가지 상태 중 한 가지 상태에 있다. 이해하기 쉽도록 물을 예로 설명하겠다. 물에 세 가지 상태가 있다는 사실은 누구나 알고 있다. 물을 $0°C$ 이하로 냉각시키면 얼음이 되면서 액체 상태에서 고체 상태로 변한다. 반면 물을 가열

---

- plasma, 기체 상태의 물질에 계속 열을 가하여 온도를 올리면 이온핵과 자유전자로 이루어진 입자들의 집합체가 만들어진다. 이러한 상태는 물질의 세 가지 형태인 고체, 액체, 기체와 더불어 '제4의 물질 상태'로 불리며, 이러한 상태의 물질을 플라스마라고 한다 – 옮긴이
- • Bose-Einstein condensation, 1924년 알베르트 아인슈타인과 인도의 물리학자 사첸드라 내스 보스가 예견한 현상으로, 원자들의 움직임이 극도로 제한되고 간격이 가까워지면 수많은 원자들이 마치 하나의 집단처럼 움직이는 것을 가리킨다 – 옮긴이

하여 온도가 100°C를 넘으면 물이 끓고 수증기가 되면서 액체 상태에서 기체 상태로 바뀐다. 주변 압력이 정상이고 온도가 0°C와 100°C 사이일 때 물은 액체 상태다. 온도로 말미암은 물질의 상태 변화는 물뿐만 아니라 모든 물질에서 일어나는 현상이다. 예를 들어 금속도 일정한 온도에 도달하면 액체가 되고 이 온도보다 더 높아지면 액체가 끓으면서 기체로 변하기 시작한다. 대부분의 금속은 물보다 훨씬 높은 온도에서 상태가 변화한다. 우리가 루르포트의 용광로에서 일하지 않는 한 액체 상태의 금속은 보기 힘들고 대부분이 고체 상태의 금속이다. 우리가 일상에서 물을 통해 경험했듯이 물질의 상태는 온도에 좌우된다.

하지만 온도만 물질의 상태에 영향을 끼치는 것은 아니다. 물질이 고체인지, 액체인지, 기체인지에 영향을 끼치는 요인 중에는 기압도 있다. 예를 들어 물을 끓일 때 주변 온도의 영향을 무시할 수 없다. 알프스 고산 지대의 산장에서 휴가를 보내면서 달걀을 삶아본 사람은 무슨 말인지 쉽게 이해할 것이다. 물이 끓고 15분이 지나도 달걀은 익지 않는다. 산 위는 산 아래보다 기압이 낮기 때문에 물이 100°C에서 끓지 않는다(액체에서 기체 상태로 변하지 않는다). 가령 해발 3000m의 산에서는 90°C만 돼도 물이 끓는다.

물이 끓기 시작할 때 물질의 상태 변화가 일어난다. 이러한 물질의 상태 변화에 영향을 끼치는 요인이 압력과 온도다. 이 원리를 잘 활용한 제품이 급속 가열 냄비다. 급속 가열 냄비의 뚜껑은 공기가 새어 들어가지 않도록 제작됐기 때문에 냄비의 내부 압력이 상승하여 정상적인 상태의 주변 기압보다 훨씬 높다. 급속 가열 냄비 안의 물은 대략 116°C에서 끓기 시작한다. 기압이 높을 때는 물이 높은 온도에서 끓는 반면, 기압이 낮으면 훨씬 낮은 온도에서 물이 끓는다.

물리학에서는 압력, 온도, 물질의 상태 사이 상관관계를 상평형도°로 나타낸다. 상평형도만 보면 물질이 언제 고체나 액체 혹은 기체가 되는지 쉽게 이해할 수 있다. 다음 그림은 물의 상평형도다. 이 그림에서 나는 급속 가열 냄비와 산 정상에서의 물의 상태를 개략적으로 표현했다.

이쯤이면 여러분 가운데 "상평형도는 정말 훌륭하고 멋지다. 물이 끓기 시작하면 온도가 높아진다. 이 경우에는 이 그림을 적용하기 어렵지 않을까?"라며 반대 의견을 제시할 사람이 있을지 모르겠다. 사실 물리학적 관점에서 이것은 복잡하지 않은 질문이다. 정답을 먼저 말하자면 '아니요'다. 일단 물이 끓기 시작하면 그때부터는 온도가 상승하지 않는다. 물의 온도를 높여보려고 아

---

●   phase diagram, 용액, 혼합물, 화합물 등의 상태 사이의 평형 관계를 나타낸 도표 – 옮긴이

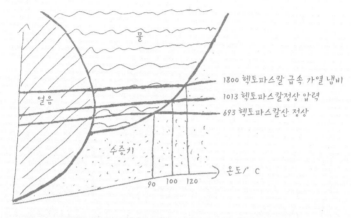

압력 / 헥토파스칼(hpa●)

물

1800 헥토파스칼 급속 가열 냄비
1013 헥토파스칼 정상 압력
693 헥토파스칼 산 정상

얼음

수증기

온도/° C

90 100 120

---

이 그래프의 세 영역은 온도와 압력에 따라 달라지는 물의 물질 상태를 나타낸다. 세 영역이 만나는 지점을 삼중점이라고 한다. 삼중점에서는 물이 액체인지, 고체인지, 기체인지 구분할 수 없다.

● 1hpa은 1m²당 1N(뉴턴)의 힘을 받을 때의 압력 – 옮긴이

무리 노력해도 소용없다. 물론 여기에는 이유가 있다. 물이 끓는 시점부터는 물에 공급되는 모든 에너지가 액체인 물을 기체인 수증기로 전환시키는 데 직접 사용되기 때문이다. 즉 산 정상에서 물은 절대 90°C를 넘을 수 없다. 아무리 오래 끓이고 코펠을 계속 돌리며 열을 가해도 소용없다. 에베레스트 같은 고산에서는 기압

이 더 낮기 때문에 물이 더 빨리 끓는다. 물의 온도가 달걀을 익힐 수 있는 온도에 도달할 수 없기 때문에 아무리 오래 끓여도 달걀이 익지 않는다. 그러다가 어느 순간 물이 수증기로 변한다. 이때부터 다시 온도가 상승하기 시작한다. (압력이 일정할 때 두 가지 물질 상태 사이에서 상전이는 온도 정지 표지판과 같은 역할을 한다. 상전이가 완료된 후에 온도는 다시 상승하기 시작한다. 액체와 기체 사이의 상전이는 100°C에서 일어난다. 다음 그림의 B지점). 반면 고체와 기체의

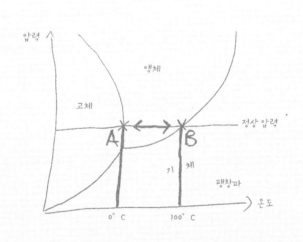

A지점과 B지점은 정지점으로, 상전이가 완료될 때까지는 온도가 일정하게 유지된다.

상전이는 0˚C에서 일어난다(그림의 A지점).

　물속에서 녹고 있는 얼음조각 몇 개를 관찰하고 있다고 하자. 가스레인지에 얼음물을 올려놓고 가열해도 얼음이 완전히 녹아 물이 되기 전까지는 온도 변화가 없다. 고체인 얼음에서 액체인 물로 상전이가 끝날 때까지는 모든 에너지가 열의 형태로 계(얼음물)에 투입되기 때문이다. 물의 온도는 상전이가 완료된 후 다시 상승한다. 따라서 물과 얼음이 섞인 혼합물의 온도는 정상 기압에서는 0˚C이고 차갑지도 뜨겁지도 않다!

　그러니까 우리가 으깬 얼음 봉지를 욕조의 맥주 상자에 넣는다면 이상적인 경우 물이 0˚C의 온도에 도달할 때까지 얼음의 일부가 녹을 것이다. 시중에서 판매하는 욕조에는 100ℓ의 물이 들어가기 때문에 상온보다 낮은 온도로 떨어뜨릴 때까지 얼음이 완전히 녹지 않고 약간의 얼음만 있어도 충분하다. 이후 물 온도는 정말 천천히 상온에 가까워진다. 반면 냉각제로 사용하기 위해 고체에서 액체로 상전이를 일으키려고 할 때 온도를 0˚C로 만들려면 물과 얼음만으로는 부족하다.

　병 속의 음료를 적정 온도로 떨어뜨리려면 0˚C 미만의 물과 얼음이 섞인 혼합물이 필요하다. 이때 나타나는 또 다른 두 가지 효과 역시 맥주의 온도를 떨어뜨리는 데 도움이 된다.

## 두 번째 효과: 흡열 효과

혼합물의 온도를 $0°C$ 미만으로 떨어뜨리는 데 도움이 되는 두 번째 효과는 흡열 효과로 실생활에서 유용하게 활용할 수 있다. 화학에서는 열적 거동*을 발열 반응과 흡열 반응으로 구분한다. 발열 반응은 에너지가 열의 형태로 방출되는 현상을 일컫는다. 예를 들어 갤럭시 노트7의 충전지가 고장 나면 충전지에 저장된 모든 화학 에너지는 발열 반응을 통해 방출된다. 혹시 추운 겨울에 사용하는 손난로를 아는가? 이 손난로도 화학 에너지가 발열 반응을 일으키는 데 사용되는 대표적인 예다. 손난로 안에 들어 있는 금속 단추를 똑딱 단추처럼 누르면 액체였던 물질이 순식간에 열을 내면서 고체로 변한다. 이와 같이 열이 방출되는 현상을 발열 반응이라고 한다.

발열 반응과 정반대의 현상은 흡열 반응이라고 한다. 흡열 반응은 외부로 열을 방출하는 것이 아니라 외부의 열을 흡수하는 것이다. 이러한 유형의 화학 반응이 진행되는 동안에는 에너지가 계속 공급되어야 한다. 이때의 에너지 공급 수단은 주변의 열을

* Thermal Behaviour, 열적으로 평형 상태가 되지 않을 때 평형을 이루기 위해 에너지가 변화하는 것 - 옮긴이

모두 끌어들이는 것이다.

맥주의 온도를 떨어뜨리는 데 도움이 되는 두 번째 효과는 흡열 반응과 관련이 있다. 우스꽝스럽게 들릴지 모르겠지만 시중에서 구입할 수 있는 식용 소금을 물에 용해시키면 주변의 열을 빼앗는 흡열 반응이 발생한다. 흡열 반응을 일으키는 물질인 소금과 물을 좀 더 자세히 관찰하면 원리를 이해할 수 있다.

소금은 소듐* 원자와 염소 원자로 구성된 작은 결정이다. 좀 더 정확하게 표현하면 양이온인 소듐($Na^+$)과 음이온인 염소($Cl^-$)로 이루어져 있다. 이온은 원래 바닥 상태**에서 활동할 때보다 껍질에 전자가 더 많거나 적은 원자를 말한다. 식용 소금의 경우 $Na^+$ 이온은 중성인 소듐 원자보다 전자가 한 개 적기 때문에 양전하를 띤다. 반면 $Cl^-$ 이온은 중성인 염소 원자보다 전자가 한 개 더 많기 때문에 음전하를 띤다. 양전하와 음전하는 자석의 N극과 S극처럼 서로를 강한 힘으로 끌어당긴다. 그래서 $Na^+$ 이온과 $Cl^-$ 이온이 결합하여 중성의 격자 모형 원자인 고체 소금 결정을 형성한다. 소금 결정이 크든 작든 상관없이 원자의 영역에서 모든 것

---

* 소듐의 옛이름은 나트륨이다. 당분간 두 이름 모두 허용하지만 이 책에서는 2016년 대한화학회가 수정한 원소 이름과 화합물 명명법에 따라 소듐이라고 하였다 - 감수자
** ground state, 양자역학인 계에서 에너지가 최소인 정상 상태 - 옮긴이

은 같은 형태로 보이고 동일한 $Na^+$이온 및 $Cl^-$이온 입자는 같은 배열을 이룬다. 그래서 식용 소금의 화학식도 NaCl염화 소듐이다. 물의 화학식은 $H_2O$인데 이 식은 상식으로 굳어진 지 오래다. 여기에서 H는 수소라는 의미의 하이드로겐Hydrogen의 약자이고, O는 산소라는 의미의 옥시겐Oxygen의 약자다. 그리고 H 아래에 작게 달린 숫자 2는 물 분자를 구성하는 데 수소 원자가 2개 필요하다는 뜻이다. 이러한 원자들이 결합하여 물 분자가 되는 것과 $Na^+$이온과 $Cl^-$이온이 결합하여 염화 소듐이 되는 것에는 차이가 있다. 염화 소듐, 즉 소금은 한 개의 이온을 이루기 때문에 이온 결합이라고 한다. 서로 다른 전하를 띤 이온 입자들이 서로를 끌어당기기 때문에 $Na^+$이온과 $Cl^-$이온은 격자 구조를 공유하고 있다.

반면 상온의 물에는 서로를 끌어당길 수 있는 격자 구조도 이온도 없다. 물은 모든 것이 약간 다른 형태를 취하며 약간 더 복잡하다. 물은 인간에게 매우 중요한 물질인 동시에 물리학적 관점에서도 아주 독특한 물질이다. 물에 대한 자세한 설명을 들으려면 머리와 시간을 투자해야 한다.

지금까지 인류가 발견하고 추출하고 인공적으로 제조해온 모든 원소가 다음 원소 주기율표에 정리되어 있다.

나는 원소 주기율표를 최대한 간단히 정리해보려고 노력했다. 이 표에는 몇 가지 중요한 정보가 빠져 있지만 여러분이 원소 주

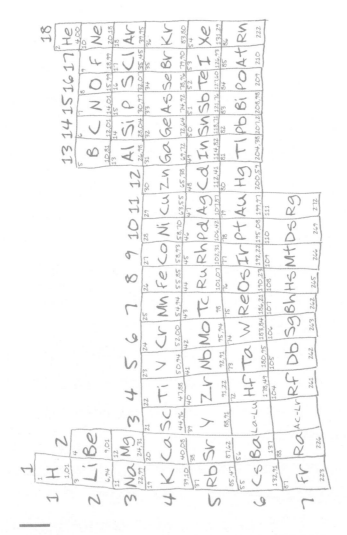

다음은 간단히 나타낸 원소 주기율표로 란탄족과 악티늄족은 생략되어 있다.

기율표의 윤곽을 이해하는 데 도움이 될 것이다. 아마 여러분은 학창 시절 화학 강의실 벽에 걸려 있던 원소 주기율표가 떠오를 것이다. 그때는 선생님이 아무리 쉽게 설명해도 그 주기율표가 도무지 이해되지 않았을 것이다. 아무튼 내가 만든 주기율표를 보면 옛날 생각에 감회가 새로울 것이다.

처음에는 각 원소의 배열이 눈에 들어오는데 어디서부터 봐야 할지 모르겠고 무질서하게 배열되어 있는 듯하다. 하지만 원소 주기율표의 배열에 어떤 규칙이 있는지 알고 나면, 원소의 위치만 봐도 원소의 특성을 어느 정도 파악할 수 있고, 다른 원소들과 반응할 때 어떤 행동을 보일지 짐작할 수 있다.

먼저 수소를 통해 주기율표의 규칙을 배워보자. 다음 그림의 가운데 부분에 있는 H는 원소 기호로, 화학식을 나타낼 때 사용된다. 윗부분의 숫자는 원자 번호로, 각 원소의 핵에 얼마나 많은 양성자(양전하)가 있는지를 나타낸다. 원소 기호 아래 숫자는 수소의 원자량을 의미한다. 원자량은 탄소의 동위 원소인 $^{12}C$의 질량을 12를 기준으로 하여 나타낸 값으로 $^{12}C$의 1/12을 1단위로 한다. 여기서 더 많이 알려고 하면 너무 복잡해지니 표기법의 유래에 대해서는 더 이상 질문하지 않길 바란다! 초보자인 우리는 이 숫자를 일단 질량이라고만 알아두자.

주기율표의 가로줄과 세로줄의 첫 번째 자리에는 수소가 있다.

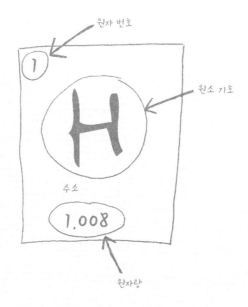

원자 번호

원소 기호

수소

1.008

원자량

주기율표에 있는 모든 원소에는 원자 번호, 원소 기호, 원자량이 표시되어 있다.

세로줄에는 8개의 주요 족이 배열되어 있다. 1열과 2열은 1족, 3열부터 12열까지는 2족, 13열부터 18열까지는 각각 3족부터 8족까지를 나타낸다. 그리고 가로줄은 주기를 의미한다. 그러니까 수소는 1족의 1주기 원소이고 핵에는 한 개의 양전하인 양성자가 있다.

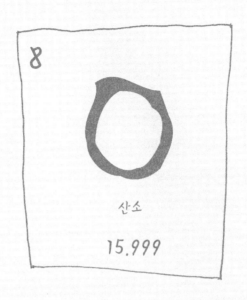

산소의 원자 번호는 8, 원소 기호는 O, 원자량은 약 16u(15.999u)다.

이번에는 산소를 살펴보도록 하자. 산소는 6족의 2주기 원소로, 핵에는 8개의 양전하인 양성자가 있다.

바닥 상태의 원자는 전기적으로 항상 중성이다. 모든 원소는 핵에 양전하인 양성자 개수만큼 음전하인 전자가 있기 때문에 결국 값은 0이다.

주기율표를 통해 원자의 핵 주변에서 얼마나 많은 수소와 산소의 전자들이 돌아다니는지 대략 짐작할 수 있다. 여러분은 당연히 이것을 통해 무엇을 알 수 있는지 궁금할 것이다. 처음에는 주기율표를 봐도 도무지 감이 안 잡힐 것이다. 사실 주기율표는 원소에 관해 더 많은 것을 알려준다. 주기를 나타내는 가로줄에는 원자핵을 둘러싸고 있는 껍질에 관한 정보가 담겨 있다. 주요 족의 원소들은 옥텟 규칙에 따라 항상 8개의 전자가 채워져야 다음 껍질이 생성될 수 있다. 수소와 헬륨의 경우는 예외에 해당한다. 이 경우에는 두 개의 전자만 있어도 바깥 껍질이 완전히 채워진다. 수소는 바깥 껍질에 한 개의 전자가, 산소는 두 개의 전자가 더 채워지면 된다. 안쪽 껍질에 두 개의 전자가 있고 바깥 껍질에 여섯 개의 전자가 있기 때문이다.

핵을 둘러싸고 있는 여러 겹의 껍질 주변(궤도)을 전자가 돌고 있다는 이론을 '보어의 원자 모형'이라고 한다. 이제 우리는 보어의 원자 모형이 현실과 전혀 일치하지 않는다는 사실을 안다. 보어의 원자 모형은 발표되었을 당시에 이미 오류가 있다고 알려져 있었다. 다만 보어의 원자 모형만큼 원자를 명쾌하게 설명할 수 있는 이론이 없었을 뿐이다. 보어의 원자 모형은 애초부터 잘못된 이론이었지만, 이보다 명쾌하게 수소 분자의 구조와 맥주병이 담긴 물에 염화 소듐 한 줌을 첨가하면 맥주가 시원해지는 이유를 설명할 수 있는 이론은 없었다. 우리의 잠재의식 속에도 보어의 원자 모형이 단순하여 물리 및 화학 프로세스를 설명하기에 적합하다는 생각이 박혀 있다.

물론 나는 최신 이론인 오비탈* 모델에 대해 설명해볼 수도 있다. 오비탈 모델은 슈뢰딩거 방정식**의 정적인 입자로부터 도출된 이론이다. 하지만 이 모델은 너무 복잡해서 설명해봤자 여러분에게도 나에게도 도움이 되지 않는다. 그래서 나는 원자의 바깥 껍질에 항상 최대 8개의 전자가 존재한다는 바깥 껍질 모델로 다시 돌아가려고 한다.

주기율표의 원소 중 비활성 기체에 속하는 원소에 대해 알아야 한다. 비활성 기체는 8족에 속하는 원소이며 주기율표의 가장 오른쪽에 위치한다. (헬륨을 제외한) 원소의 바깥 껍질에는 항상 8개의 전자가 있는데 이들은 매우 굼뜬 반응을 보인다. 이런 특성 때

- orbital, 원자핵 주위에서 전자가 발견될 확률을 나타내거나 전자가 어떤 공간을 차지하는가를 보여주는 함수 - 옮긴이
- Schrödinger equation, 양자 계system가 시간에 따라 어떻게 변화하는지를 기술하는 것. 구체적으로, 슈뢰딩거 방정식은 계의 상태를 나타내는 파동함수의 변화를 기술하는 미분방정식이다. 예를 들면 전자들이 수소 원자에서 어떻게 행동하는지를 기술할 수 있다. 이는 고전역학의 뉴턴의 운동 법칙과 같이 운동을 기술하는 근간이 되는 방정식이다 - 옮긴이

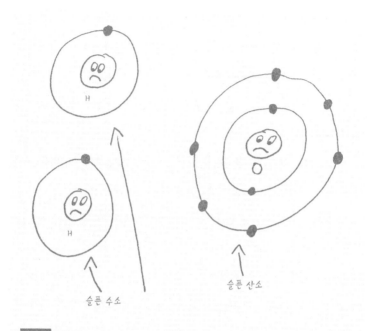

슬픈 수소

슬픈 산소

두 원소에는 바깥 껍질을 채우기 위한 전자가 부족하다. 수소는 한 개의 전자가 부족하고 산소는 두 개의 전자가 부족하다.

문에 귀족 기체*라고 불리기도 한다. 비활성 기체는 너무 섬세하여 다른 원소들과 거의 반응을 일으키지 않는다.

반면 바깥 껍질이 8개의 전자로 채워지지 않은 원소들은 모습

ㅤ●ㅤ비활성 기체는 귀족 기체, 불활성 기체라고도 한다 - 감수자

이 약간 다르다. 이러한 원소들은 바깥 껍질을 완전히 채우고 귀족 기체처럼 보이기 위해 수단 방법을 가리지 않는다. 이를테면 바깥 껍질 전자 개수를 8개로 맞추거나 한 개를 방출하기 위해 전자를 하나 더 수용한다. 주기율표에서 오른쪽에 있는 원소일수록 눈에 불을 켜고 전자를 하나 더 받아들이려고 하고, 주기율표의 왼쪽에 있는 원소일수록 전자 하나를 밖으로 내보내지 못해 안달이다. 주기율표의 위치를 통해 한 원소의 반응성을 대략 짐작할 수 있다.

그렇다면 산소와 물은 어떤 관계일까? 수소는 주기율표의 가장 왼쪽에 있지만 가까이에 있는 비활성 기체는 헬륨밖에 없다. 게다가 위치도 한참 오른쪽이다. 수소는 어떻게 해서라도 전자 하나를 더 얻으려고 안달이고 어두운 곳에서는 헬륨인 척한다. 반면 산소는 여섯 개의 전자를 바깥으로 내보내어 껍질에 남아 있는 전자들을 헬륨으로 위장하거나, 부족한 두 개의 전자를 얻기 위해 네온으로 위장한다. 산소는 주기율표에서 오른쪽에 위치하기 때문에 전자를 내주기보다는 받기를 좋아한다. 따라서 산소는 두 개의 전자를 더 찾기로 결정한다.

이러한 원소들의 이상한 자만심 때문에 우리가 물 분자에서 보았던 화학 결합이 이뤄진다. 수소뿐만 아니라 산소도 바깥 껍질을 채울 전자를 열심히 찾고 있기 때문이다.

훔치지 않는 한 대체 전자를 어디서 구한단 말인가? 이 경우 마법의 단어는 공유다. 두 개의 수소 원자와 한 개의 산소 원자가 만나 화합물을 이룬다. 이러한 화합물의 상태에서 수소 원자와 산소 원자는 전자의 일부를 나눠 갖기 때문에 이들 중 일부는 비활성 기체처럼 보일 수 있다. 즉 두 개의 수소 원자가 각각 산소로부터 전자를 빌려오고 전자에게 산소를 마음껏 사용할 수 있게 해준다. 그 결과 두 개의 수소 원자는 두 개의 전자를 갖고 산소 원자는 여덟 개의 원자를 갖게 된다.

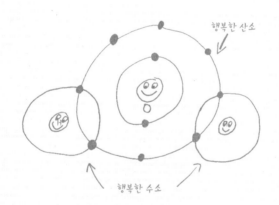

산소 원자와 수소 원자는 전자를 서로 나눠 가짐으로써 바깥 껍질을 완전히 채운다.

원자들이 이러한 유형의 화학 결합을 할 때 항상 두 개의 전자를 공용 냄비에 던지는 상황이라고 생각하면 이해하기 쉽다. 이렇게 하여 각 원소는 필요할 때 전자를 마음껏 사용할 수 있다. 하지만 우리는 화학 구조식에 모든 원자들의 껍질 상태까지 표현할 수는 없다. 그래서 원자 대신 주기율표의 원소 기호를 적고 전자의 분포를 짧은 선으로 나타낸다. 이 선은 항상 두 개의 전자를 나눠 가질 때 사용한다. 물 분자는 아래 그림과 같다.

물 분자가 살짝 쪼개진 형태를 취하는 이유는 산소 원자가 수

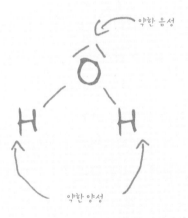

물 분자의 전하 분포

소 원자보다 더 많은 전자를 필요로 하기 때문이다. 이것을 다른 말로 산소의 전기 음성도*가 더 높다고 한다. 산소의 전기 음성도가 더 높기 때문에 수소 원자 근처보다 산소 원자 근처에서 쪼개진 물 분자가 더 많이 나타난다. 그 결과 물 분자에서 산소 원자가 있는 쪽은 항상 약한 음성을 띠고 수소 원자가 있는 쪽은 항상 약한 양성을 띤다. 물리학에서는 이 배열을 전기 쌍극자**라고 한다. 각각의 물 분자는 작은 쌍극자를 이루기 때문에 서로 종류가 다른 분자들의 양전하 부분과 음전하 부분이 서로를 잡아당기며 느슨한 결합을 한다. 이러한 결합을 수소의 다리 결합이라고 한다. 물 분자의 수소 원자가 음전하인 산소 원자를 다리처럼 연결하고 있기 때문이다. 이처럼 물 분자의 느슨한 결합을 통해 인간의 생존에 필수불가결한 액체인 물이 탄생한다.

물의 다양한 성질과 기능은 수소 분자의 쌍극자와 관련이 있다. 소금 결정을 용해시키는 것도 이러한 물의 성질 가운데 하나다. 소금이 물에서 녹을 때 맥주의 온도를 떨어뜨리는 흡열 반응이 일어난다. 정확한 원리를 살펴보기 전에 지금까지 우리가 공

---

- electro negativity, 원자가 전자를 끌어당기는 능력 – 옮긴이
- dipole, 크기가 같은 양의 전하와 음의 전하가 일정 거리만큼 떨어져 있는 전하 배열 – 옮긴이

부한 내용을 간단히 정리해보자.

- 우리 주변에는 열 형태의 에너지를 흡수하는 화학 반응이 일어난다.
- 소금은 두 개의 원소, 즉 소듐과 염소로 구성된다. 이 원소들이 $Na^+$이온과 $Cl^-$이온으로 이루어진 소금 결정을 형성한다.
- 마찬가지로 물도 두 개의 원소, 즉 산소와 수소로 구성된다. 한 개의 물 분자($H_2O$)를 형성할 때 산소 원자와 수소 원자는 전자를 서로 나눠 갖는다. 이때의 물 분자의 전하 배열은 쌍극자를 이룬다. 한쪽은 약한 양전하를 띠고 다른 한쪽은 약한 음전하를 띤다.

지금까지는 모든 것이 정상이다. 그런데 우리가 물에 소금 결정을 용해시키면 어떤 일이 일어날까? 액체인 물에 소금 결정을 떨어뜨리면 정확하게 두 가지 일이 발생한다. 하나는 물 불자가 소금 결정의 격자 구조를 해체시키는 것이고, 다른 하나는 물 분자가 자유 이온으로 이동하는 것이다.

먼저 소금 결정의 격자 구조가 해체되는 현상부터 살펴보자. 물과 소금 결정이 만나면 약한 음전하와 약한 양전하가 된 물 분자의 끝 부분에서 소금 결정의 이온을 세게 잡아당기면서 서로 자기 쪽으로 끌어오려는 현상이 일어난다. 하지만 각각의 물 분자는 소금 결정의 격자 구조로부터 $Na^+$이온과 $Cl^-$이온을 끌어당겨 낚아챌 힘이 없다. 그러나 소금 결정의 모서리와 귀퉁이에서는 점점 더 많은 물 분자들이 잡아당기기를 하고 있기 때문에 격자 구조에서 이온을 끌어오는 데는 문제가 없다. 작은 물 분자들이 소금 결정 화합물로부터 한 개의 이온을 방출시키는 데 성공하면 다음 단계가 시작된다. 물 분자와 비교할 때 소금 결정의 전하는 강한 양성 혹은 강한 음성을 띤다. 따라서 물에 녹아 있는

$Na^+$이온과 $Cl^-$이온의 수화. 각 분자의 전하 배열을 나타낼 때 약한 양성은 $\delta^+$(델타 플러스), 약한 음성은 $\delta^-$(델타 마이너스)로 표기한다.

이온은 물 분자들을 계속 끌어당기고, 물 분자들은 해당 이온의 주변에서 껍질처럼 있으면서 소위 전하를 가린다. 전기적 관점에서 다른 이온과 물 분자의 눈에 띄지 않기 위한 전략인 셈이다. 이러한 가리기 전략 때문에 소금 결정 구조를 부수고 나온 이온들이 서로를 다시 끌어당기지 못한다.

한편 용해된 이온 주변에 물 분자의 껍질이 형성되는 것을 수화*라고 한다. 이온은 강하게 결합되어 있는 물 분자와 함께 '집' 주변을 떠도는 것보다 소금 결정의 고정된 격자 구조에 머무르는 것을 좋아한다. 이러한 소금 결정의 단단한 격자 구조에서 이온을 빼오려면 상당히 많은 에너지가 필요하다.

반면 수화 현상이 일어날 때는 에너지가 적게 방출된다. 이때 얻은 에너지는 결합 상태에 있는 이온들의 고정된 격자 구조를 해체시키기 위해 물 분자가 필요로 하는 에너지보다 훨씬 적다. 그렇다면 여기에 필요한 에너지는 어딘가 다른 곳에서 조달하는 것이 틀림없다. 이것이 식용 소금을 물에 녹일 때 흡열 반응이 일어나는 이유다. 흡열 반응이 일어날 때보다 소금을 물에 녹일 때 더 많은 에너지가 필요하기 때문에 주변의 열을 흡수하여 에너지

* hydration, 水化, 어떤 물질이 물과 화합하거나 결합하여 수화물이 되는 현상 - 옮긴이

를 추가로 조달한다. 그래서 소금을 물에 용해시킬 때 혼합물인 소금물의 온도가 내려가는 것이다.

이때의 냉각 효과는 매우 크기 때문에 여러분이 집에서 직접 실험하고 온도를 측정하여 확인해볼 수 있다. 상온의 물 한 잔을 가져온다. 10분 이상 30초 간격으로 온도계로 온도를 측정한다. 소금 2/3큰술을 물에 넣고 잘 저어준다. 잠시 기다렸다가 물 온도를 측정하면 $2°C$ 정도 떨어진 사실을 확인할 수 있다.

소금을 용해시킬 때 발생하는 두 번째 효과로 온도 저하를 들 수 있다. 그런데 온도가 $0°C$ 미만으로 떨어질 경우에는 세 번째 효과가 추가로 일어난다. 물-얼음-혼합물에 소금이 첨가되면 열 형태인 에너지를 빼앗기기 때문에 혼합물의 온도가 떨어진다. $0°C$에서는 액체에서 고체로의 상전이가 진행 중이다. 다시 말해 물-얼음-혼합물이 열에너지를 빼앗겨 온도가 떨어지는 경우에는 온도가 $0°C$ 미만으로 떨어지기 전에 물이 완전히 얼어야 한다. 그런데 실제로 이런 일은 일어나지 않는다. 그 이유는 바로 세 번째 효과 때문이다.

# 세 번째 효과: 어는점 내림

물-얼음-혼합물에 소금을 넣을 때는 혼합물의 온도만 내려가는 것이 아니다. 상전이가 일어나기 때문에 상평형도의 액체와 고체를 구분하는 선이 약간 왼쪽으로 밀린다. 그런데 상전이는 이보다 훨씬 더 낮은 온도에서 일어난다. 쉽게 말해 이것은 상전이를 관찰하기 위해 온도가 떨어지기를 기다리며 정지 신호판을 보고 있는 상황과 비슷하다.

그 결과 소금-물-혼합물은 정확하게 $0^{\circ}C$가 아니라 훨씬 더 낮은 온도에서 얼음이 형성된다. 소금물의 온도는 별 문제 없이 $0^{\circ}C$ 미만으로 떨어진다. 물론 소금물로 이루어진 얼음 조각이 아닌 물로만 이루어진 얼음 조각들이 그 안에서 둥둥 떠다니고 있지만 말이다. 혼합물의 온도를 어느 정도까지 떨어뜨릴 수 있는지는 혼합물에 들어간 소금의 양에 좌우된다.

다음은 물의 녹는점($\triangle T$)과 물에 용해된 입자 수(b)와 온도의 상관관계를 나타낸 식이다.

$$\triangle T = 1.86 \frac{K \cdot kg}{mol} \cdot b$$

이 등식에 따르면 혼합물의 녹는점 혹은 어는점은 1kg의 물에 용해되어 있는 입자 1mol당 1.86°C씩 감소한다. 여기에서 또 "그런데 1mol은 또 뭐예요?"라고 질문할 사람이 있을지 모르겠다. 아마 여러분 중 몇 사람은 화학 시간에 1mol이라는 단위가 나왔다는 걸 기억할 수도 있다. 이것에 대해서는 요점만 빨리 설명하고 넘어가도록 하겠다. 1mol에 들어 있는 입자는 탄소 동위원소 $^{12}C$ 12g에 들어 있는 입자 수인데 그 개수는 항상 정확히 $6.022140857 \times 10^{23}$개다. 무려 $602 \times 10^{21}$개가 넘는 이 긴 숫자를 아보가드로수라고 하며 아주 오래전 화학자들이 정의한 것이다.

화학식에 적힌 숫자들 사이에도 연관성이 있고 각 원소마다 질량은 다를지 모르지만 입자 수는 항상 동일하다. 앞에서 배웠듯이 주기율표에서 원소 기호 밑에 적혀 있는 숫자를 원자량이라고 한다. 아보가드로수라는 개념 덕분에 각 원소별로 1mol에 들어 있는 입자에 해당하는 질량(단위는 g)을 정확하게 원자량으로 표현할 수 있다. 그래서 우리는 입자의 개수를 일일이 세지 않아도 입자의 질량을 쉽게 알 수 있다. 쉽게 말해 몰mol은 물질의 양을 나타내는 단위다.

몰에 대한 설명이 끝났으니 하던 얘기를 마저 끝내려고 한다. 이제 (mol 단위로 측정한) 일정량의 입자를 kg 단위의 물 혹은 얼음물에 넣고 용해시키자. 그러면 1mol당 녹아 있는 입자의 온도가 각각 1.86°C씩 떨어진다. 내가 지겹도록 입자에 대한 얘기만 떠들어대는 이유가 있다. 1mol의 염화 소듐을 물에 용해시키면 1mol의 $Na^+$와 1mol의 $Cl^-$로 분해되므로 2mol의 입자가 생성된다! 1kg(1ℓ)의 물에 1mol의 염화 소듐이 녹아 있는 용액일 경우 녹는점이 이미 3.72°C만큼 떨어져 있다. 따라서 1kg의 물에 2mol의 염화 소듐이 녹아 있다면 녹는점의 온도는 7.44°C 떨어진다.

이 모든 과정은 소금이 물에 녹지 않을 때까지 계속 진행된다. 완전한 포화 상태의 소금 용액의 어는점은 약 −21°C다.

어는점 내림 효과는 일상생활에 유용하게 활용될 수 있다. 예를 들어 겨울에 길거리의 눈과 얼음을 녹이기 위해 소금을 뿌린다. 이때 소금이 물의 어는점을 내리는 역할을 해주기 때문에 소금을 뿌리면 고체인 얼음이 액체인 물로 변한다. 하지만 러시아의 많은 지역에서는 소금을 뿌려도 어는점 온도가 떨어지지 않는다. 소금물이 −21°C 미만의 온도에서 다시 얼 수 있다. 겨울에 할인점에 가면 커다란 소금 포대들이 여기저기 있다. 다음 겨울에 할인점에 갈 일이 있으면 직접 실험해보길 바란다. 단 바깥 온도를 반드시 확인하고 실험하자. 바깥 온도가 −21°C 미만이면 소금 포대를 낑낑대고 끌고 나가 길에 뿌려봤자 얼음이 녹지 않는다.

소금을 너무 많이 뿌리는 것도 환경에는 해가 되니 대신 설탕을 뿌려보자. 녹는점을 내리는 효과는 물속에 녹아 있는 입자 수에 좌우된다. 입자가 설탕이든 소금이든 상관없다. 다만 설탕의 어는점 내리기 효과는 소금의 절반밖에 되지 않는다는 사실을 기억하자. 물에 1mol의 소금을 녹이면 2mol의 용해 입자가 생성되지만, 물에 1mol의 설탕을 녹일 경우 1mol의 용해 입자만 생성되기 때문이다. 소금과 동일한 효과를 얻으려면 소금 양의 두 배에 달하는 설탕이 필요하다. 고체 상태의 설탕 용액은 순식간에 끈적끈적한 물로 변한다. 소금이 없을 때는 설탕을 이용해 맥주 온도를 떨어뜨릴 수 있다는 점을 기억하길 바란다!

이 세 가지 효과 중 한 가지만 일어난다고 냉각 중탕이 작용하는 것은 아니다. 세 효과가 각기 담당하는 역할이 있으며 삼박자가 조화를 이뤄야 냉각 중탕이 가능하다. 나는 주방에서 이러한 상관관계에 대해 신나게 설명하고 있었다. 10분도 채 되지 않아 톰과 마테스는 플레이스테이션 쪽을 흘끗거렸고 유리도 지겨운지 내 말을 막으려 했다. 유일하게 잉에만 내 설명에 관심을 보였다. 어쨌든 10분도 되지 않아 물리학과 화학 지식 덕분에 우리는 차갑고 신선한 맥주를 만들 수 있었다.

유리가 요란한 몸짓으로 송년의 밤 파티 계획을 마저 발표하려던 차였다. 그때 러시아 욕설과 함께 귀청이 떨어질 것 같은 소리가 들려왔다. 몇 분 후 누군가가 셰어하우스 문을 주먹으로 쾅쾅 두들겼다. 마침 내가 문 옆에 있었기 때문에 일어나 문을 열어주었다. 문 앞에는 키가 크고 동작이 굼뜬 남자가 서 있었다. 그는 30대 초반쯤으로 보였는데 코듀로이 바지에 팔 아래쪽에는 타투를 하고 아주 짧은 머리를 하고 있었다. 게다가 영국 모델 케이트 모스Kate Moss가 한창 날릴 때만큼은 아니었지만 불안을 조장하는 분위기를 풍겼다. 약골에 살짝 폐인 같은 외모의 이 남자는 자기가 직접 말아 만든 담배를 귀에 꽂고 있었다. 그는 마치 자신의 복무 기간이 최소한 10년 전에 끝났다는 사실을 이해하지 못하는 공익근무요원 같은 차림새를 하고 있었다.

나는 의심스런 눈초리로 그의 손에 들린 케이블 드럼을 쳐다봤다. 그러자 그는 히죽히죽 웃더니 담배를 입에 물었다. 그리고 차림새와는 전혀 어울리지 않는 낮은 톤으로 목소리를 쫙 깔더니 욕인지 인사인지 알 수 없는 러시아 말을 웅얼댔다. 그의 어깨 너머로는 검정 후드티셔츠를 입은 사람들이 보였다. 방금 전 유리, 잉에와 함께 불길한 조짐의 검은 박스를 유리의 똥차에서 꺼내서 우리 집 다락방 쪽으로 들고 오던 사람들이었다. 그중 둘은 우리 집 현관에 케이블을 접착테이프로 붙이는 데 정신이 팔려 있었다. 만년 공익근무요원 같은 차림새의 남자가 그사이 담배를 피우면서 열정적이고도 약간 신경질적으로 같은 말을 반복했다. 그때 나는 잠시 이 물건들이 라이트 오르간, 베이스 앰프, 드럼 부품이 아닐까 생각했다.

　그렇게 불안에 떨고 있는데 구세주처럼 유리가 나타나 나를 옆으로 홱 밀쳐버렸다. 그러더니 두 사람은 환히 웃으며 부둥켜안았다. 10분 동안 두 사람은 내가 한마디도 알아듣지 못하는 대화를 나눴고 나는 꿔다놓은 보릿자루처럼 우두커니 서 있었다. 물론 두 사람은 가끔씩 나를 쳐다보면서 크게 웃음을 터뜨렸다. 그러더니 유리는 우리에게 마치 거식증 환자처럼 피골이 상접한 이 남자를 자신의 오랜 지기인 이반이라고 소개했다. 유리는 2주 전 보훔의 크리스마스 시장에서 우연히 이반을 만났다고 한다. 유리와 이반은 몇 년 동안 학교 밴드 활동을 같이 했는데 유리가 루르 지역으로 이민을 오기로 결심하면서 어쩔 수 없이 밴드를 그만두게 되었던 것이다. 유리가 여러 차례 설명했듯이 러시아 친구들의 하드코어 밴드 '르베트 크롤리치카*'는 혐오스런 네덜란드의 하드코어 밴드 '카닌헨Kaninchen'처럼 화려하고 과도한 퍼포먼스로 축제를 벌였다. '르베트 크롤리치카'는 유리가 빠진 후에도 (물론 우리는 유리가 밴드에서 나온 것이 다행이라고 여겼지만) 동유럽 지역에서 이름을 알리면서 돈을 좀 벌었다고 한다. 이반은 남은 멤버

---

●　　Рвет кролика, '구역질 나는 토끼'의 러시아어 발음 - 옮긴이

들과 함께 소형 트럭을 타고 다니며 유럽 투어를 하고 있었는데, 마침 해가 바뀔 때라 투어를 잠시 쉬고 있었다. 그래서 유리는 친구들을 금방 설득할 수 있었고 덕분에 우리는 생생한 라이브 음악을 들을 수 있었다.

유리가 송년의 밤을 불태우기 위해 야심차게 계획한 것이 바로 하드코어 밴드의 공연이었다. 마침내 르베트 크롤리치카 완전체가 모여 실제로 공연할 때와 똑같은 무대에서, 정확하게 밝히자면 우리 집 다락방에서 공연을 할 예정이었다. 이반은 유리와 몇 마디를 주고받더니 잠시 현관으로 사라졌다. 그리고 유리가 이반의 케이블 드럼의 케이블을 끌고 와 주방을 가로질러 창문 방향으로 가져갔다. 유리는 창문을 열고 10m 길이의 케이블을 정원 아래로 늘어뜨렸다. 정원에는 검은 옷을 입은 사람들이 모여 있었다. 그리고 이들은 앞에서 말했던 작은 트럭에서 가져온 비상 경유 발전기를 감아올려 케이블 드럼을 작동시켰다. 그날 밤 '예술 설치물'을 본 나는 톰처럼 슬슬 불안해지기 시작했다.

3장.

# 아이 같은 어른들의 놀이
_과학적으로 건전지 전압 체크하기

**톰의 방: 저녁 8시 54분**

이후 나는 몇 시간째 이반과 검정 후드티셔
츠를 입은 친구들을 볼 수 없었다. 유리 역시 정원의 비상 경유
발전기와 여기저기 널브러진 케이블을 보고 할 말을 잃었다. 경
험상 나는 이런 상황에서는 더 이상 묻지 말고 사태를 관망하는
것이 낫다고 판단했다. 어쨌든 오늘은 송년의 밤이지 않은가! 새
해가 되려면 몇 시간이 더 남아 있다. 나는 마음속으로 현실을
받아들여야 한다고 굳게 다짐은 했으나 걱정을 떨쳐버릴 수 없
었다.

　그사이 남은 맥주들도 마시기 딱 좋은 온도로 냉각되었다. 우

리 셰어하우스는 이웃에서 온 평범한 송년파티 손님들로 북적거렸다. 주방에는 육아수당, 부모의 시간, 기저귀 광고, 휴가 계획에 대해 열심히 이야기를 나누는 젊은 부부, 〈스타트렉〉의 클링온어로 대화하고 '피의 와인'으로 건배하며 장난감 총 너프건<sup>Nerf Guns</sup> 얘기에 열을 올리는 '덕후'들, 재활용품 반환금도 받을 수 없는 네덜란드 맥주를 매년 트렁크에 가득 채우고 이상야릇한 새들을 데리고 오는 인근의 자율 구역 펑크족들이 모여 있었다. 원래 항상 그랬지만 우리 셰어하우스 이웃에는 별의별 희한한 사람들이 다 있었다. 길모퉁이에 있는 타투 스튜디오에서 일하는 전신을 그림으로 도배한 타투이스트에서부터 정장을 쫙 빼입은 마테스의 회사 동료들에 이르기까지 거의 모든 직업군의 사람들이 모여들었다. 사람들은 현관에서 주방에 이르기까지 셰어하우스 곳곳에서 떠들고 마음껏 웃고 마시고 담배를 피웠다. 또 러시아 하드코어 밴드의 기타를 혹사시키는 음악 소리 때문에 현관 바닥에 진동이 울리고 집 전체가 달콤한 연기로 뒤덮여 셰어하우스는 어느새 안개 낀 런던의 아서 코넌 도일 경의 저택으로 변신해 있었다.

우리는 주방 바로 맞은편에 있는 톰의 방에도 삐걱거리는 탁자와 소파 두 개를 갖다 놓았다. 아마 이 탁자와 소파는 올해의 남은 시간을 보낸 후 수명을 다하고 사라질 것이었다. 톰이 신성시하는 게임 테이블 키커는 원래 방 한가운데에 신줏단지처럼 고이 모셔져 있는데, 지금은 판자로 덮인 채 음료 바로 강등되어 왼쪽 뒤 모퉁이로 밀려나 있었다. 우리 친구들 사이에서는 송년파티에 손님을 접대할 음료 비용은 함께 부담해왔다. 그래서 임시로 설치한 '키커' 바에 유리가 직접 제조하여 탄산수 병에 넣어놓은 보드카 외에도 알코올 도수가 100도인 독한 술, 페퍼민트 맛이 나서 '파티용 치약'이라고 부르는 알코올음료 페퍼 등 각종 음료를 셀프서비스로 마실 수 있도록 준비해놓았다. 한마디로 송년파티를 망칠 수도 있는 모든 것들이 있었다.

톰, 마테스, 유리, 잉에는 삐걱거리는 테이블 주변 소파에 자리를 잡고 포도송이처럼 엉겨 붙어 있는 사람들의 무리에 둘러싸여 있었다. 나는 그 자리에 가까이 간 순간 마테스가 위험천만하면서 아주 효과적인 비행 작전 명령을 내리는 모습을 포착했다. 마테스는 주변 사람들에 둘러싸여 있는 잉에에게 속삭이는 말로 유리가 직접 제조한 보드카 한 잔을 마시고 토할 듯 오만상을 찌푸린 얼굴로 테이블에 잔을 쾅 하고 내려놓도록 조종하고 있었다.

종교 교사인 톰도, 땅딸막한 러시아인 유리도, 술이 센 퀼른 여자 잉에도 지난해의 벌주 게임을 통해 뭔가 깨달은 바가 있는 듯했다……. 마테스가 아이들의 순발력 놀이를 위해 개발된 장난감

'루핑 루이*'를 살짝 개조해 벌주 마시기 게임을 벌였던 것이다. 나는 마테스가 순진무구한 세 영혼, 정확하게 말하면 세 마리의 희생양을 제치고 승자의 자리를 차지하는 모습을 지켜보았다. 루핑 루이는 아이들에게 인기가 많고 엄청나게 많이 팔린 장난감이다. 당연히 마테스가 개조한 '루핑 루이' 버전은 아이들에게 사랑받는 원조 루핑 루이와는 거리가 멀었지만, 벌주 게임용으로 성인들에게 인기가 높아 제2의 전성기를 구가하고 있었다.

오리지널 버전에서 루핑 루이는 작은 빨간색 플라스틱 비행기를 타고 빙빙 돌면서 정신없이 비행 명령을 수행한다. 각 플레이어가 가진 세 개의 플라스틱 코인에는 닭이 그려져 있고 루이가 고무줄 총을 쏘아 코인을 떨어뜨리면 경쟁자에게 코인이 넘어간다. 코인이 담긴 여러 개의 닭장은 방사형으로 뻗은 막대로 중앙과 연결되어 있고 이 방사형 막대 한가운데에는 루이의 비행기가한 개의 플라스틱 팔에 매달려 있다. 이 비행기는 중앙에서 천천히 돌아가는 모터의 힘으로 움직인다. 건전지가 닳기 전까지 이 닭장에서 저 닭장으로 코인이 넘어가는 게임은 끝없이 계속된다.

그런데 마테스의 루이는 더 이상 닭을 쫓지 않는다. 조립광인

---

●  Looping Louie, 닭을 훔쳐가려는 장난꾸러기 비행사 루이를 막아내고 끝까지 닭을 지켜낸 사람이 이기는 보드게임 − 옮긴이

마테스는 루핑 루이를 술 마시기 게임용으로 직접 개조하려고 부속품 가게에서 각종 부품을 다 사왔다. 원래 루핑 루이 게임은 4인용인데 마테스는 최대 8명이 게임할 수 있도록 개조했고 컨트롤 보드도 갈았다. 그래서 마테스 버전의 루핑 루이는 후진도 가능했고 비행 속도도 엄청나게 빨랐다. 이것도 모자라 마테스는 작년부터 작고 용감한 파일럿 루핑 루이가 다양한 무게의 날개를 바꿔 달 수 있도록 수정하여 비행 능력 난이도도 여러 가지로 세분화했다. 루핑 루이의 비행 기술은 설정에 따라 성능이 다르지만 파일럿 도널드 덕과 스테로이드 위의 듀라셀 토끼*의 합작품이었다.

마테스는 기술 면에서나 시각적인 면에서나 최고점을 받기 위해 루핑 루이를 개조하는 데 심혈을 기울였다. 원래 루핑 루이의 비행기는 빨간색이지만 전투기 그러면 F6F 헬켓Grumman F6F Hellcat의 트레이드마크인 은빛이 도는 짙은 푸른색 페인트로 리폼했다. 코인의 닭은 벙커 속에 숨어 있는 조그만 일본군으로 변신해 있었다. 그리고 나중에 추가로 장착한 스피커에서는 분위기에 딱 맞게 '아미가 클래식 게임 500선Amiga 500 Spieleklassiker'의 타이틀 음악인 8비트 '분노의 날개Wings of Fury'가 배경음악으로 흘러나왔다.

●　건전지를 말함 – 옮긴이

게임 개조에 바친 마테스의 열정은 그야말로 대단했다. 하지만 마테스가 게임 전략을 짜는 데 투자한 시간에 비하면 이것은 새발의 피였다. 마테스는 고무줄 총으로 명중시키는 능력과 병장 루이의 착륙 각도를 많은 시간을 투자해 연구했기 때문에 게임 테이블에 앉은 적수들을 한방에 날려버릴 수 있었다. 유리와 잉에는 송년파티 때마다 승산 없는 허무한 게임에 참여했고 매번 희생양이 되고 말았다. 세 번의 게임과 아홉 잔의 벌주를 마신 후 잉에가 마테스의 제안을 받아들인 것을 후회하는 기색을 보이기 시작했다. 루이가 네 번째 게임에서 웅장한 비행을 시작하려는 찰나 갑자기 허공에서 멈추었고 8비트 음악 소리가 점점 작아지다가 듣기 싫은 덜그럭 소리만 냈다. 루이에게 다시 생명을 불어넣으려면 AA 건전지 두 개가 필요했다.

　한창 재미를 보던 마테스에게는 안 된 일이었지만 우리 셰어하우스에는 이 사이즈의 건전지가 없었다. 톰이 마테스에게 건넨 것은 쓰레기통 옆에 있던 작은 상자였다. 이 상자에는 거품기, 방수 라디오, 휴대용 손전등에 사용했던 건전지들이 들어 있었다. 건전지의 대부분은 완전히 방전되었거나 겨우 며칠 리모컨에 사용할 수 있을 정도였다. 간혹 반 정도 남아 있거나 잠시 사용하다가 버린 건전지도 발견됐다. 아마 건전지에 굶주린 형제자매를 위해 누군가가 실수로 잘못 넣은 듯했다. 제대로 된 건전지를 발견할 가능성은 희박했다. 그 많은 건전지 중에서 실제로 사용할 수 있는 건전지를 골라내는 기술이 절실하게 필요한 시점이었다. 유감스럽게도 기존의 건전지는 다 쓴 것인지 아닌지 확인할 길이 없었다.

마테스는 어떻게 해야 할지 고민에 휩싸였다. 상자 안에는 대략 30개의 건전지가 들어 있었다. 그중 완전히 방전된 것도 있었는데, 이것은 끝 부분에 백색 결정이 묻어 있는 걸 보면 쉽게 확인할 수 있었다. 백색 결정이 묻어 있는 건전지들을 제외하고 나니 20개가 남았다. 병장 루이가 일본군을 꺾으려면 루이를 먼저 살려야 했다. 건전지가 제대로 작동되려면 알맞은 짝을 찾아야 했다. 그런데 문제는 시간이 아니라 다른 데 있었다.

# 실험
## : 건전지 튕기기

건전지의 전압을 체크하는 방법에는 여러 가지가 있다. 그중 사람들에게 많이 알려져 있고 널리 사용되는 방법은 혀로 맛을 보는 것이다. 예를 들어 소형 9V(볼트) 사각 전지는 양극과 음극이 나란히 놓여 있다. 이 건전지의 양극과 음극에 혀를 대보면 따끔하다. 이 따끔함의 강도로 건전지의 충전 상태를 확인할 수 있다. 반면 AA 건전지는 양극과 음극이 서로 반대 방향에 있기 때문에 혀끝으로 충전 상태를 확인하는 것이 사실상 불가능하다. 미국의 하드록 밴드 키스의 베이시스트 진 시먼스 Gene Simmons처럼 비정상적으로 혀가 긴 사람이 아니라면 말이다.

(대부분의 사람들은 가지고 있지 않을) 측정 기기로 직접 충전 상태를 확인하거나 (실험이 가능하지 않거나 상당히 불편한 방법인) 본인의 혀로 직접 실험해볼 수는 있겠지만, 실제로 거의 불가능하다. 다행히 아주 쉽고 효과적으로 충전 상태를 확인할 수 있는 방법이 하나 있다. 건전지의 끝 부분에서 20cm 떨어진 높이에서 건전지 3개를 동시에 바닥으로 떨어뜨리기만 하면 된다. 그러면 건전지가 바닥과 충돌하면서 다시 위로 튀어 오른다. 이때 건전지가 튀는 높이를 보고 충전 상태를 확인할 수 있다.

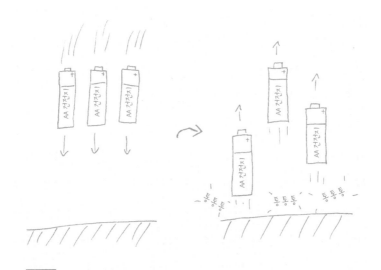

가장 낮은 충전 상태인 건전지가 가장 높이 튀어 오른다.

이 방법을 여러 차례 반복하면 쓰다 만 건전지의 충전 상태를 전부 확인할 수 있다. 총 20개의 건전지 중 18개의 건전지로 이 실험을 하는 데 1분이 조금 넘게 걸린다. 이 방법으로 사용하지 않는 건전지 모음 상자에 있던 건전지의 잔여 충전량을 확인했더니 마지막 3개의 건전지가 가장 낮게 튀어 올랐다. 즉 이 3개의 건전지에 전기 에너지가 가장 많이 남아 있었다는 의미다. 물론 이 방법으로 건전지의 실제 충전 상태에 대해 많은 것을 알 수는 없다. 하지만 사용하지 않는 건전지 상자에서 사용 가능한 건전지를 가장 빨리 골라낼 수는 있다.

우리끼리 하는 얘기지만 완전히 충전된 건전지를 찾으려면 어떤 건전지가 가장 낮게 튀어 오르는지 보고만 있으면 된다는 얘기를 해준 사람이 있었다. 당시 나는 이 사람이 말도 안 되는 소리를 한다고 생각했었다!

어쨌든 마테스의 머릿속에서도 분명 이것과 비슷한 생각이 맴돌고 있었던 듯하다. 내가 마테스에게 건전지를 던져보자고 했더니 마테스는 먼저 나를 흘끗 쳐다보고는 다른 친구들에게로 시선을 돌리면서 "우리가 생각했던 것보다 시간은 오래 걸리겠지만 좋아! 이제 세상일에 관심 없는 물리학자까지 완전히 정신줄을 놔버렸네!"라고 말했다. 톰은 마테스의 의미심장한 눈초리를 보면서 한번 해보자는 듯 어깨를 살짝 으쓱해 보였다. 그리고 톰은 잡동사니 상자에서 건전지를 꺼내 내가 설명한 대로 테이블 위로 건전지를 낙하시켰다. 그렇게 하는 데 2분쯤 걸렸고 실험이 종료됐다. 몇 초 후 '루이 병장'이 귀청이 떨어질 듯한 8비트 배경음악에 맞춰 장엄하게 등장하는가 싶더니 이내 허공으로 튀어 올랐다.

구조가 같은 건전지라도 완전히 충전된 상태인지 방전된 상태인지에 따라 튀어 오르는 양상이 다르다. 처음 이 현상을 관찰할 때는 그저 신기하기만 했다. 그런데 이 방법은 남은 건전지 용량이 50% 이상일 때만 통한다. 2015년 미국 연구팀은 이 현상을 체계적으로 분석한 결과를 영국 왕립학회에서 발간하는 화학 소재 분야 최우수 과학 저널《재료화학 A저널》Journal of Materials Chemistry A》에 「아연 알카라인 일차 전지 LR6의 복원 계수와 충전 상태의 상관관계The relationship between coefficient of restitution and state of charge of zinc alkaline primary LR6」라는 제목의 논문으로 발표했다.[*] 이 논문에서 학자들은 건전지가 방전됐을 때의 화학 조성과 반응 생성물에 따라 튀어 오르는 양상이 다양한 이유를 설명하고 있다. 건전지가 방전됐을 때 어떤 반응 생성물이 생기고 이것이 건전지의 용수철처

● 쇼햄 바드라, 벤저민 J. 헤르츠 베르크, 앤드루 G. 셰이 외,《재료화학 A
  저널》, 3권, 18호, pp. 9395 −9400, 2015년.

럼 튀어 오르는 행동에 어떤 영향을 끼치는지 이해하려면 먼저 우리는 건전지의 구조와 작동 상태를 관찰해야 한다. 건전지는 발명된 지 200년이 넘었고 최초의 발전기보다 더 오래되었다. 처음 건전지가 발명됐을 때와 현재의 작동 원리는 별반 차이가 없다.

모든 건전지는 한 개 이상의 갈바니 전지˚로 구성된다. 가장 단순한 형태의 갈바니 전지는 종류가 다른 2개의 금속판에 전해질이 꽂혀 있다. 전해질이란 자유롭게 움직일 수 있는 이온이 녹아 있는 고체 혹은 액체 물질로, 전해질로 가장 많이 사용되는 물질은 앞 장에서 다뤘던 소금물이다. 2개의 금속이 서로 접촉되지 않은 상태에서 각각 전해질에 접촉될 경우에는 전압 측정이 가능하다.

머그컵에 소금물을 가득 채우고 여기에 할머니가 아끼는 은스푼과 구리선을 꽂으면 갈바니 전지가 완성된다. 물론 이때 여러분이 측정할 수 있는 전압이 아주 미미한 수준이라는 건 나도 인정한다. 1780년 이탈리아의 생물물리학자 루이지 갈바니Luigi Galvani는 놀라운 현상을 관찰했다. 그가 두 종류의 금속을 개구리

---

˚ galvanic cell, 두 종류의 다른 금속을 각각 전해질 용액에 넣었을 때 얻어지는 전지로, 명칭은 전지를 발견하는 데 기여한 이탈리아의 루이지 갈바니를 기리기 위해 붙여졌다 – 옮긴이

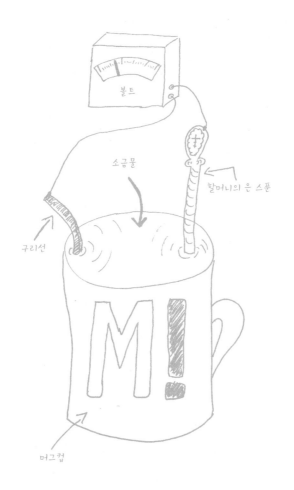

볼트

소금물

할머니의 은 스푼

구리선

머그컵

이 그림은 단순한 형태의 갈바니 전지로, 생활용품으로 금방 만들 수 있다. 난관이 있다면 할머니들이 소중히 여기는 은 스푼이 필요하다는 것이다. 부디 할머니를 잘 설득해 은 스푼을 얻어내길 바란다.

뒷다리에 접촉시킬 때마다 개구리의 뒷다리에 경련이 일어나는 것이었다. 하지만 갈바니는 당시 자신이 관찰한 현상, 정확하게 말해 전압이 생성되는 이유와 원리는 잘 몰랐다.

'건전지'라는 이름을 붙여도 무색하지 않을 현재와 유사한 형태의 건전지가 발명된 것은 그로부터 20년 후였다. 이탈리아의 물리학자 알레산드로 볼타Alessandro Volta는 다양한 금속을 조합하여 실험해본 뒤 갈바니 전지처럼 여러 가지 금속판을 차곡차곡 쌓았다. 이것이 소위 '볼타의 열전기더미'다. 볼타의 풀네임은 알레산드로 쥬세페 안토니오 아나스타시오 백작Alessandro Giuseppe Antonio Anastasio Graf von Volta이지만 줄여서 알레산드로 볼타로 불리며, 전압의 단위인 볼트Volt도 그의 이름을 따서 지은 것이다. (너무 심하게 축약하기는 했지만) 지금도 볼트는 건전지의 전압을 나타내는 단위로 사용되고 있다.

볼타의 전기더미는 얇은 구리판과 아연판이 교대로 겹쳐져 있다. 구리판과 아연판 위에는 전해질에 적셔진 종이, 천, 가죽으로 된 절연층이 있다. 절연층 덕분에 볼타의 전기더미에는 여러 개의 갈바니 전지를 겹쳐 쌓을 수 있다. 당연히 한 개일 때보다 더 높은 전압을 생성할 수 있다.

물론 현재 우리가 사용하고 있는 건전지는 볼타의 열전기더미보다 속이 꽉 차 있고 에너지 효율이 높지만 볼타의 전지와 동일한 원리로 작용한다. 오늘날의 전지는 화학적으로 저장된 에너지를 전기 에너지로 전환시킨다. 볼타가 살던 시절의 건전지처럼 지금도 일부 건전지에는 갈바니 전지 여러 개를 겹쳐서 더 높은 전압을 생성시키는 원리가 적용되고 있다. 가령 9V 사각형 전지

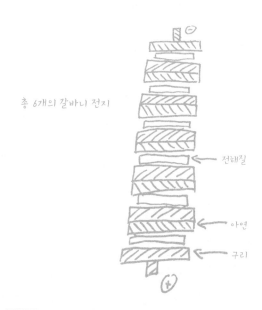

총 6개의 갈바니 전지

전해질

아연

구리

볼타의 열전기더미는 여러 개의 갈바니 전지를 쌓아서 만든다. 이것은 전기 에너지를 가장 효율적으로 사용할 수 있는 최초의 방법이었다.

는 일반적으로 6개의 갈바니 전지가 포개져 있으며, 갈바니 전지 한 개당 최소 1.5V에서 최대 9V의 에너지를 생성시킨다.

물론 현재 우리가 사용하고 있는 건전지는 볼타가 처음 실험을 할 때의 건전지와 큰 차이가 없다. 가장 큰 차이를 꼽는다면 갈바니 전지를 만들 때 사용하는 물질이 달라졌다는 것이다.

2개의 금속과 한 개의 전해질로 만든 갈바니 전지에서, 정확하게 어떤 원리로 전기가 생성되는 것일까? 건전지가 방전됐을 때 무엇이 소진되는 것일까? 처음 건전지를 만들었을 때보다 더 적은 물질이 남아 있다는 의미일까?

지금은 건전지의 종류와 대용품이 워낙 많기 때문에 이 질문에 바로 답하기는 어렵다. 그래서 나는 일반인들이 가장 많이 알고 있고 사용하는 종류의 건전지를 대표로 뽑아 이 현상을 설명하려고 한다. 바로 1.5V 아연 망가니즈* 전지 혹은 알칼리 망가니즈 전지라 불리는 건전지다.

우리는 첫 번째 이름, 아연 망가니즈 전지라는 이름만으로도 갈바니 전지가 어떤 금속으로 만들어졌는지 알 수 있다. 이 경우에는 아연과 망가니즈다. 두 번째 이름, 알칼리 망가니즈 전지라는 이름을 보면 이 전지의 전해질로 알칼리가 사용됐다는 사실을

●   망가니즈의 옛이름은 망간이다 - 감수자

알 수 있다. 알칼리라는 단어를 보고 이 전해질에 자유롭게 움직이는 수산화이온(OH⁻)이 들어 있고, 전해질이 산성과 반대인 알칼리성이라는 사실을 알 수 있다. 건전지에서 액체 같은 것이 흘러나올 때가 있다. 사람들은 이것을 흔히 건전지산*이라고 하는데, 사실 이 액체는 산성이 아니라 알칼리성이다. 일상생활에서는

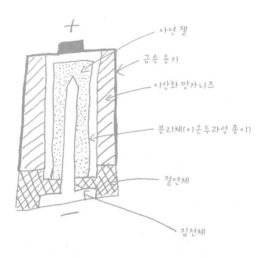

1.5V 아연 망가니즈 전지의 횡단면

산성과 알칼리성이 큰 차이가 없다. 다만 알칼리액이 피부에 닿으면 피부가 괴사되고 눈에 닿으면 심한 경우 실명할 수 있다. 건전지 구조를 알아보려고 건전지를 자르다가 사고가 생길 수 있으니 건전지를 섣불리 자르지 않길 바란다. 그래서 나는 여러분이 쉽게 이해할 수 있는 예를 골라보았다.

이러한 원리로 만들어진 아연 망가니즈 전지를 감싸고 있는 금속 용기는 단단한 외피와 전기적 양극을 형성한다. 용기라는 표현이 다소 어색할지 모르겠지만 이 상황에서는 가장 적합하다. 금속 용기 속의 모든 물질이 전해질, 즉 알칼리 용액에 적셔져 있기 때문이다.

이 금속 껍질 바로 아래에 두꺼운 이산화 망가니즈 층이 있는 전지가 있고, 첫 번째 금속층이 갈바니 전지를 감싸고 있다. 이산화 망가니즈가 채워져 있는 안쪽 면에는 종이로 된 이온 투과층이 있으며 이것이 이산화 망가니즈를 두 번째 금속층과 분리시킨다. 이 종이 내부에는 젤 형태의 아연 페이스트가 있으며 중앙에는 작은 금속봉이 있다. 이 금속봉은 절연체를 통해 건전지의 다른 쪽 끝으로 이어지고, 이곳에서 전기적 음극이 형성된다. 그렇다면 건전지에서 전기의 형태로 에너지를 끌어낸다는 것은 무슨 뜻일까? 소비자가 건전지를 사용하면 건전지 음극의 전자가 건전지의 양극으로 이동하여 반응이 일어난다는 의미다. 건전지를 사

전자는 건전지의 음극에서 양극으로 이동하고 작업을 실행한다.

용한 제품이 게임보이든 루핑 루이든 이상하게 생긴 전구든 상관 없이 말이다.

여기서 여러분에게 질문을 하나 해보겠다. 대체 이 전자들은 어디에서 와서 어디로 가는 것일까?

전자는 음극에서 양극으로 이동한다. 따라서 아연 페이스트에 서 나온 전자는 작업을 끝낸 후 이산화 망가니즈로 이동해야 한 다. 이때 전자는 무슨 일을 하는 것일까?

이번 장의 앞에서 이미 설명했듯이 건전지는 저장된 화학 에너지를 전기 에너지로 전환시켜준다. 즉 이 에너지가 방출될 때 전지의 금속은 어떤 방법으로든 반응을 일으켜야 한다. 건전지가 방전될 때 바로 이 반응이 일어난다. 각각의 반응쌍은 직접 반응하는 것이 아니라 전기 에너지가 다른 형태의 에너지로 변환되는 지점(전기 스위치)을 거쳐 우회로를 살짝 지나 반응한다.

이제 반응이 일어나는 순서를 찬찬히 살펴보도록 하자. 전기 에너지가 다른 형태의 에너지로 전환되는 지점을 통해 건전지에서 흘러나오는 전자는 아연에서 나온 것인데, 이 아연은 알칼리 용액의 수산화 이온과 반응을 한다.

$$Zn + 2OH^- \Rightarrow ZnO + H_2O + 2e^-$$

동시에 2개의 자유 전자, 산화 아연, 물이 생성된다. 이때 아연이 전자를 내보내기 때문에 아연이 산화된다고 한다. 아연에서 나온 2개의 전자는 원자와 결합할 수 없기 때문에 비교적 자유롭게 이동할 수 있다. 말 그대로 이 2개의 전자는 저항이 가장 적은 길만 찾아다니는 것이다. 이 실험에서 전자는 전기 에너지가 다른 형태의 에너지로 전환되는 지점을 통해 건전지의 양극으로 이동한다. 양극에 도달하면 다음과 같이 전자는 이산화 망가니즈와 전해질의 물과 반응한다.

$$MnO_2 + e^- + H_2O \Rightarrow Mn(OOH) + OH^-$$

이때 이산화 망가니즈가 밖으로 내보냈던 전자를 다시 수용한다고 하여 이러한 반응을 환원이라고 한다. 전자가 건전지 외부에서 먼 길을 돌아 다시 돌아오는 과정은 여러분이 크게 신경 쓰지 않아도 된다. 반응 과정을 간략하게 정리하면, 1mol의 아연에서 1mol의 산화 아연이 생성되고 1mol의 산화 망가니즈로부터 1mol의 망가니즈 광물(브라운석)이 생성된다. 즉 아연은 산화되고 망가니즈는 환원된다. 반응쌍 중 한쪽은 산화되고(전자를 내보내고) 다른 한쪽은 환원된다(전자를 수용한다). 이것을 산화·환원 반응이라고 한다. 원래 이러한 화학 프로세스에서는 부수적인 반응이 발생한다. 하지만 이것까지 설명하면 여러분이 지금까지 배운 내용마저 헷갈려할 것 같아 생략했다. 이 실험과 건전지의 기능에서 산화·환원 반응은 이 프로세스와만 관련이 있을 뿐이다.

아연과 망가니즈는 종이층으로 분리되어 있지만 건전지 외부의 우회로를 통해 전자들끼리 서로 교환이 가능하며 반응을 일으킬 수 있다. 모든 건전지는 기본적으로 이 원리로 작동된다.

지금까지 아연 망가니즈 전지의 핵심 화학 프로세스에 대해 알아보았다. 이제 건전지가 방전될 때 소진되는 것이 무엇인지 알아볼 차례다. 아연과 산화 망가니즈가 화학 반응을 일으키면 에너지가 방출되는데, 이 에너지는 전기 에너지의 형태로 건전지에서 사용된다. 아연의 대부분이 산화 아연으로 전환되고 망가나이트의 대부분이 산화 망가니즈로 전환될 때까지 이 프로세스는 계속된다. 화학물질의 구조는 물론이고 경도와 물리적 특성에도 변화가 일어난다.

우리는 이 프로세스를 일상에서 자주 체험하기 때문에 아주 잘 안다. 예를 들어 철이 공기 중의 산소와 반응하면 철은 서서히 다양한 형태의 산화철로 변한다. 녹이라는 이름으로 더 많이 알려진 이 물질이 바로 일상생활에서 쉽게 볼 수 있는 산화철이다. 철은 탄성이 있지만 산화철은 탄성이 없다. 수많은 운전자들의 화를 돋우는 녹이 바로 산화철이다.

아연 건전지에서도 비슷한 일이 일어난다. 건전지 상자에서 처음 건전지를 꺼낼 때 건전지 내부에는 젤 형태의 덩어리가 들어 있다. 이 건전지를 바닥에 떨어뜨리면 아연 입자가 훨씬 더 자유롭게 움직일 수 있다. 건전지 안에 들어 있는 젤 형태의 물질이 건전지와 바닥의 충돌로 말미암아 발생하는 충격을 완충시키는 역할을 하는 셈이다. 이 프로세스는 자동차의 범퍼라고 생각하면 이해하기 쉽다. 자동차에 충돌이 발생해도 차 안에 있는 사람은 물리적 충격을 잘 느끼지 못한다. 충돌이 일어나면 차체가 변형되는데 여기에 대부분의 에너지가 흡수되기 때문이다. 반면 말랑말랑한 젤이 충격을 흡수하는 비중은 그다지 크지 않기 때문에 건전지의 외형에는 변화가 생기지 않는다. 하지만 이 정도로도 건전지가 바닥과 부딪힐 때의 충격을 충분히 완화시킬 수 있다.

우리가 건전지를 서서히 방전시키면 아연 페이스트에서 천천히 산화 아연이 형성된다. 바로 이 프로세스를 학자들이 자세히 관찰하면서 원리를 밝혀냈다. 산화 망가니즈와 아연 사이에 있는

건전지가 완전히 충전된 상태일 때 건전지 입자에서는 산화 아연이 거의 생성되지 않는다.

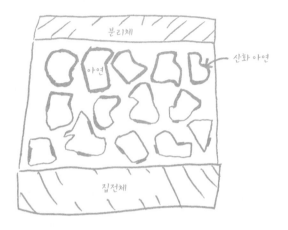

아연 입자로부터 생성되는 산화 아연의 양이 눈에 띄게 많아지고, 몇몇 입자는 산화 아연으로 완전히 둘러싸여 있다.

이온투과성 분리층으로부터 아연 젤 내부에 있는 입자의 표면 위에 산화 아연 층이 형성되고 있었다.

건전지 방전 프로세스가 계속 이어지고 산화 아연 층과 아연 입자를 완전히 감싸고 있는 껍질이 결합한다.

아연 입자가 점점 커지면서 전처럼 자유롭게 움직이지 못한다. 이로 말미암아 아연 입자가 바닥과 충돌할 때의 충격 흡수량도 점점 줄어든다. 모든 아연 입자가 산화 아연으로 둘러싸이고 일정한 크기가 되면, 산화 아연으로 둘러싸인 입자들이 서서히 커지기 시작한다. 이렇게 함께 성장하는 과정에서 단단한 '막대기' 들이 점점 더 많이 생긴다. 이 막대기들은 건전지의 중심에 있는 금속봉으로 된 분리층으로, 집전체라고 한다.

단단한 막대기가 많아지면 미세한 망에 있던 아연이 아주 단단한 산화 아연 막대기에 의해 끌려간다. 그다음부터 아연 입자는 움직일 수 없다.

학자들의 연구 결과에 따르면 건전지가 50% 정도 방전됐을 때 이 상태에 이른다. 아연 젤이 단단한 망에 끌려가기 시작하면 건전지가 바닥에 부딪혀 충돌이 일어나도 더 이상 충격을 흡수하지 못한다. 하지만 앞 장에서 맥주 거품이 넘치는 현상과 마찬가지로 충격량은 비슷하게 보존된다.

이 정도의 배경 지식을 머릿속에 담아두자. 그러면 건전지가 많이 방전된 상태일수록 건전지를 바닥에 떨어뜨렸을 때 건전지가 더 높이 튀어 오르는 이유를 쉽게 이해할 수 있다.

건전지가 계속 방전될수록 기계 에너지가 감소하기 때문에 아연 페이스트(아연 젤)가 점점 딱딱하게 굳으면서 충격 흡수율도 떨어진다. 건전지 방전량이 50%를 넘어가면 충격을 흡수하지 못한다. 이런 이유로 건전지를 몇 번 떨어뜨려보기만 해도 건전지 방전 상태를 쉽게 확인할 수 있는 것이다. 이 방법의 단점은 건전

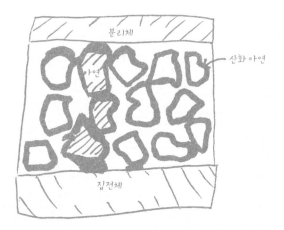

분리체와 집전체를 연결하는 산화 아연-다리가 처음으로 형성된다.

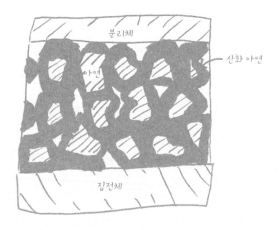

건전지가 최대 50% 방전된 상태다. 딱딱하게 굳은 산화 아연으로 된 미세한 망이
아연 젤을 잡아당긴다.

지 잔량이 50% 이상일 때만 활용할 수 있다는 것이다. 어쨌든 측정 장치 없이도 건전지 잔량을 신속하게 확인할 수 있다는 점에서 유용하다.

　마테스가 루핑 루이에 다시 건전지를 넣었을 때 잉에는 어디로 갔는지 보이지 않았다. 잉에는 마테스가 건전지 잔량을 확인하는 데 정신이 팔려 있던 타이밍을 잘 활용했다. 잉에는 "내가 맥주를 벌써 다 마셔버렸네. 새것으로 가져와야겠어!"라며 실내용 변

건전지 잔량이 50% 이상일 때 건전지는 가장 높이 튀어 오른다.

기 앞에 무릎을 꿇고 다 토하기 직전에 도망치듯 주방으로 사라졌다. 마테스가 테이블을 쓱 훑어본 후 벌주 게임이 다시 시작됐다. 유리가 직접 제조한 술 2병이 비워지고 톰이 분위기에 딱 맞게 "베이비, 한 판만 더 해요 Hit me, Baby, one more time!"라며 통기타 반주에 맞춰 노래를 부를 때까지 게임은 계속 이어졌다.

4장.

# 와인과 피자에서 얻은 지식

_마랑고니 효과와 비열 용량

셰어하우스 주방: 밤 10시 14분

그 사이 마테스가 엔싱크, 브리트니 스피어
스, 백스트리트 보이즈의 노래를 제멋대로 재해석해 부르면서 주
방에 와 있었다. 톰과 유리는 파티에 초대된 다른 손님들 몇몇과
같이 1990년대 히트송을 흥얼거리고 있었다. 보아하니 두 사람
은 맥주 몇 병을 더 까고 톰의 서랍을 뒤져서 옛날 버전 플레이스
테이션2를 꺼내온 듯했다. 그리고 이들은 기타와 마이크로 무장
하고 손님들을 즐겁게 해주려 하고 있었다. 다행히 귀를 혹사시
키는 이 노랫소리는 주변 소음에 흡수되었고 남아 있는 손님들의
중얼거리는 소리와 식기 세척기의 윙윙거리는 소리에 섞여 편안

한 백색 소음°으로 변해 있었다.

마테스가 잉에와 내가 있는 소파에 와서 잠시 앉았다. 그러자 빌헬름이 비틀거리면서 마테스에게 오더니 귀를 어루만져달라며 주인님 마테스의 다리 위에 살포시 누웠다. 잠시 대화가 중단되었다가 톰의 방에서 다른 소음이 들려오자 빌헬름은 예민한 귀를 쫑긋 세우고 간혹 낑낑거리는 소리를 냈다.

우리는 작년에 이미 당해봐서 송년의 밤에는 더 많은 양의 피자를 주문하는 것이 불가능하다는 걸 알고 있었다. 그래서 우리는 일주일쯤 전부터 집 근처 피자집 '라 마리넬라' 주변을 어슬렁대면서 (본명이 아마르인) 루이지에게 터키의 국민 술 라키Raki를 뇌물로 바쳐가며 파티에서 먹을 피자 10판 주문을 받아달라고 부탁했었다. 3분의 1은 살라미 소시지와 마늘 토핑 피자, 3분의 1은 돼지뒷다리 소시지와 버섯 토핑 피자, 나머지 3분의 1은 톰이 좋아하는 토핑인 신선한 토마토에 특별히 치즈와 모차렐라가 추가되고 오레가노는 아예 넣지 않은 피자였다.

---

● white noise, 음폭이 넓어 공해에 해당하지 않는 소음. 백색 잡음이라고도 한다. 소음의 종류에는 특정 음높이를 지닌 칼라 소음color noise과 넓은 음폭을 지닌 백색 소음이 있다. 하얀색 빛은 프리즘을 통과하면 모든 스펙트럼의 색을 보여주는데 이에 착안하여 백색白色처럼 넓은 음폭을 지니고 있다고 하여 백색 소음이라는 이름이 붙었다 — 옮긴이

밤 10시에 피자를 배달해달라고 했지만 우리는 겨울 도로 사정을 감안하여 더 오래 걸릴 가능성까지 계산하고 있었다. 드디어 마테스에게 올해 터뜨릴 폭죽을 어디서 구입했는지 물어볼 틈이 생겼다. 내 예상대로 마테스는 도매상까지 가서 패밀리팩 폭죽을 대량으로 준비해놓았다.

마테스에게 송년의 밤 폭죽 터뜨리기는 단순히 악귀를 쫓아내면서 최대한 거창하게 새해를 맞이하는 행위 이상의 의미가 있었다. 승부욕으로 똘똘 뭉친 마테스에게는 건너편 셰어하우스보다 좋은 패를 내놓는 것이 무엇보다 중요했기 때문에 두 셰어하우스 사이의 폭죽 터뜨리기 전쟁은 어느새 연례행사가 되고 말았다. 마테스가 올해의 폭죽 터뜨리기 전쟁에는 유리까지 합세했고 승리를 위한 최후의 작전까지 세웠다는 얘기를 하려던 참에 현관 벨이 울렸다. 빌헬름이 벌떡 일어나 현관으로 쏜살같이 달려 나가면서 자신의 털로 주방 바닥을 반쯤 청소해줬다.

대체 어떤 계획이 있는지 걱정과 불안함을 보이는 나를 향해 마테스는 음흉한 미소를 지으며 다급하게 "보면 알아"라고 말했다. 빌헬름이 피자를 가지러 가는 마테스의 뒤를 졸졸 따라갔다. 마테스의 음흉한 미소를 보자 내 위장 한 구석으로부터 불쾌감이 스멀스멀 몰려왔다. 하지만 나는 그렇게 큰 걱정을 하지는 않았다. 두 사람 다 성인이고 자기들이 무슨 짓을 하는지 잘 알고 있으리라 생각했기 때문이다.

그날 밤 웬만해선 직접 배달을 하지 않는 아마르(일명 루이지)가 친히 피자를 가지고 왔다. 키가 작은 아프가니스탄 사내 아마르는 10년 전 이복형제로부터 이 피자 가게를 인수했다. 아마르는 자신의 단골 고객에게 유통기한이 얼마 남지 않은 램브루스코 와인을 그냥 하수구에 내버리기 전에 서비스로 주는 척하며 생색을 낼 속셈이었던 듯했다. 그는 심하게 과장된 웃음과 극도로 어색한 이탈리아 억양으로 덜거덕거리는 피자 상자를 손에 들고 "최우수 고객을 위한 최고급 와인입니다."라고 말했다. 그의 두 아들은 망가진 스티로폼 박스에서 피자 상자를 꺼내어 불친절하게 주방 테이블 위에 올려놓았다. 나는 반사적으로 "너무 과분한 선물입니다."라고 말하며 선물을 사양했다. 그러나 아마르의 눈빛을 본 순간 처음에는 그가 심한 모욕감을 느꼈다는 것과 그다음에는 이 와인이 쥐도 새도 모르게 내년 그의 요리에 사용되리라는 걸 예감했다. 그래서 나는 감사하다며 이 와인을 받아 주방 테이블 위에 올려놓았다. 이 와인을 제대로 음미하려면 누군가는 취해 있어야 했다.

# 첫 번째 실험:
## 와인 잔의 아치 문양, 그 너머 어딘가에

아마르는 생각보다 동작이 빨랐다. 자칭 이 탈리아 사나이인 그는 테이블 위에 피자 상자를 내려놓기 무섭게 한창 작동 중이던 식기 세척기를 열고 아직 김이 채 가시지 않은 와인 잔을 꺼냈다. 그러고는 우리가 잉에게 빌린 고급 와인 잔들 중 하나에 잽싸게 끔찍한 합성주를 따랐다. 그는 이 잔을 살살 흔들고 조명 쪽으로 가져갔다. "라인하르트, 이것 좀 봐요. 로마의 성 카타리나 성당 창문 같지 않나요? 굉장하죠?"

와인의 '와'자도 모르는 내 눈에도 아마르가 따른 술은 최상급 와인이 아니라 싸구려 브랜디처럼 보였다. 아마르의 속내를 정확

━━

큼지막한 와인 잔에 와인을 넣고 살살 흔들어주면 교회의 아치형 창문과 비슷한 문양이 생긴다.

히 간파한 나의 예리함에 솔직히 나도 깜짝 놀랐다. 아마르는 와인이 조명을 잘 받도록 살살 흔들었다. 그때 나는 와인 잔 안에서 굵은 와인 방울들이 아래로 떨어지면서 교회의 아치형 창과 비슷한 문양이 생기는 걸 보았다.

아마르에게 와인 잔에 생긴 아치형 문양은 질 좋은 와인이라는 표시였다. 언젠가 한 친구가 나한테 와인과 와인 마시는 법을 가르쳐준 적이 있었다. 나는 그때의 기억을 되살려 이 상황에 적용해보았다.

1. 검붉은 빛이 감도는 와인은 '남쪽 산허리에서 햇빛을 많이 받고 자란 포도로 만들어졌다'고 볼 수 있다.
2. 와인의 종류에 관계없이 모든 와인에서 약한 까치밥나무 향을 느낄 수 있다. 다만 이 맛을 느끼고야 말겠다는 사람만 알 수 있다.
3. (끔찍한 맛이겠지만) 레드 와인을 과감하게 맛본 다음 상대방이 레드 와인에 대해 아는 것이 별로 없다는 확신이 들면 끝맛에서 감초 향이 살짝 풍긴다고 해주자.

나는 기대에 부푼 눈빛으로 나를 바라보던 아마르에게 실망을 안겨주고 싶지 않았기 때문에 하는 수 없이 그가 권한 와인을 한 모금 마셨다. 나는 토할 것 같은 표정을 감추려 애쓰며 도널드 트럼프는 저리 가라 할 자신만만함으로 "남쪽 산허리에서 햇빛을 많이 받은 포도군요. 끝맛에서 감초 향이 살짝 풍기는 탁월한 까치밥나무 향이 정말 좋네요. 좋은 포도가 많이 수확된 해의 와인이군요!"라고 답했다.

잠시 아마르의 얼굴에 당황한 기색이 스쳤지만 이내 호탕하고 생색내는 듯한 웃음으로 바뀌었다. "그것 보세요. 맛이 기가 막히죠? 우리 레스토랑의 VIP 단골손님께 딱 어울리는 와인이죠. 여러분의 루이지는 항상 최상품만 내놓는답니다. 차오! 차오!" 아마르와 그의 아들들은 이 말을 남기고 주방을 나갔다. 곧 갓 구운 따끈한 피자 냄새가 주방에서 다른 방으로 은은히 퍼져갔다.

송년의 밤이 지나고 몇 년 후에도 나는 아마르가 반 강제로 우리한테 떠넘긴 싸구려 술에서 아치 모양이 생기는 현상을 결코 과학적으로 설명할 수 없으리라 생각했다. 아마 아마르는 그날 밤 현란한 손놀림으로 '최상급 와인'이 담긴 잔을 고객 앞에서 돌리며 팔았을 테고 남은 와인을 우리한테 선심 쓰는 척하며 처분하려 했던 듯하다.

어찌 됐건 간에 나는 아마르가 바디감이 묵직하고 달콤한 램브루스코를 잔에 따랐을 때 나타난 아치 모양이 어떤 원리로 생기는지 호기심이 발동했다. 물론 지금은 와인 잔에 와인을 비롯한 알코올음료를 따를 때 왜 이런 아치 모양이 생기는지 안다. 그런데 물, 우유, 다른 음료를 잔에 따를 때는 왜 아치 모양이 생기지 않는 걸까?

아치 모양이 형성되는 과정을 자세히 관찰하면 이 모양이 비스듬히 기울어지는 것을 확인할 수 있다. 이때부터 와인 방울은 아래로 흐르지 않고 그중 소량이 위쪽으로 흐른다. 이 독특한 현상을 마랑고니 효과Marangoni effect라고 하는데, 이 현상을 최초로 발견한 이탈리아의 물리학자 카를로 주세페 마테오 마랑고니Carlo Giuseppe Matteo Marangoni의 이름을 따서 명명되었다. 이것은 마랑고니 대류*라고도 불린다.

마랑고니 효과는 계면**을 따라 표면 장력의 크기가 일정하지 않을 때 발생하는 현상을 말하며, 장력이 다른 두 종류의 액체가 있을 때 계면 장력이 더 낮은 액체가 계면 장력이 더 높은 액체에 의해 끌려가는 이유를 설명할 수 있다.

먼저 계면 장력이 무엇인지 알아보자. 와인 잔 가장자리에 일정한 면이 생긴다는 건 누구나 아는 사실이다. 액체의 계면 위를 관찰하면 눈에 보이지 않는 막이 있다. 물은 끊임없이 막을 형성하려고 하기 때문에 되도록 작은 계면을 유지하려고 한다. 이런 이유로 물이 무중량 상태일 때 가장 완벽한 물방울이 만들어진다. 공기와의 경계면에 있는 물 분자들은 서로를 끌어당겨 아주 작은 곤충들도 살 수 있을 정도의 '안정적인 막'을 형성한다. 막의 강도는 막을 형성하는 액체의 계면 장력이 얼마나 큰지, 쉽게

* convection, 유체가 부력에 의한 상하운동으로 열을 전하는 것 – 옮긴이
** interface, 기체상, 액체상, 고체상 등의 3개의 상 중 인접한 2개의 상 사이의 경계면 – 옮긴이

말해 얼마나 강한 힘으로 분자를 끌어당기는지에 좌우된다. 계면 장력이 다른 두 액체를 섞으면 계면 장력이 더 큰 분자들이 계면 장력이 더 작은 분자들을 끌어당기기 때문에 유체 운동이 발생한다. 이것이 바로 마랑고니 효과다.

마랑고니 효과를 확실히 이해시키기 위해 작은 실험을 하나 제안한다. 평면에 가까운 접시에 물을 살짝 흘리면 얇은 막이 생긴다. 그 위에 후춧가루를 뿌려보자(후추 그라인더로 간 입자가 거친 후추가 있으면 더 좋다). 그러면 물의 계면 장력 때문에 후추가 물 위에 둥둥 뜬다. 그다음 물 한가운데에 주방세제를 떨어뜨리면 눈 깜짝할 사이에 후추가 접시의 가장자리로 밀려난다.

여러분이 본 장면이 마랑고니 효과다. 이때 물 위에 후춧가루를 뿌리면 어떤 일이 벌어지는지 정확하게 확인할 수 있다. 주방세제에는 계면활성제*라는 화합물이 들어 있는데, 이 계면활성제가 유체의 계면 장력을 감소시키는 역할을 한다. 주방세제가 수막에 접촉되는 순간 계면활성제 때문에 접시 중심부의 계면 장력이 낮아진다. 반면 접시 가장자리의 표면 장력이 중심부의 표면 장력보다 더 높기 때문에 유체와 함께 후춧가루를 끌어당긴다.

---

* surfactant, 묽은 용액 속에서 계면에 흡착하여 그 표면 장력을 감소시키는 물질 – 옮긴이

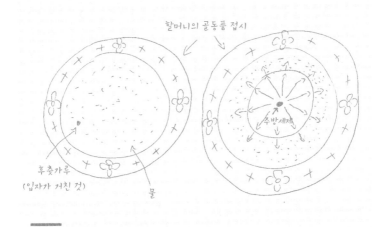

할머니의 골동품 접시

후춧가루
(입자가 거친 것)

물

주방세제

주방세제가 접시 한가운데에 있는 물의 계면 장력을 감소시키기 때문에 후춧가루
가 접시의 가장자리로 밀려나는 것이다.

    우리가 관찰했던 와인 잔에서는 주방세제를 첨가하지 않아도
비슷한 일이 벌어진다. 와인은 다양한 액체가 섞인 혼합물이고
액체마다 계면 장력이 다르다. 여러분이 쉽게 이해할 수 있도록
와인이 물과 알코올로만 구성되어 있다고 가정하고 설명해보겠
다. 온도가 20°C인 물의 계면 장력은 72.75mN/m(밀리뉴턴 퍼 미
터)이고 에탄올(와인의 주요 구성 물질은 알코올이다)의 계면 장력은
22.55mN/m다. 따라서 와인의 알코올 함량이 높을수록 계면 장
력이 낮다고 볼 수 있다. 그뿐만 아니라 에탄올은 물보다 증발률
이 훨씬 높다. 즉 에탄올은 물보다 훨씬 빨리 증발한다.

와인이 담긴 와인 잔을 살살 흔들어주면 와인 잔 내부에 습기가 생기면서 물과 알코올로 된 얇은 막이 생긴다. 이때 우리는 이 막이 와인에 비해 부피가 작기 때문에 알코올의 증기압*이 높아지는 현상을 관찰할 수 있다(와인 잔에 와인을 따랐을 때 처음에는 와인이 아래로 흐르다가 반대 방향으로 흐른다). 와인 잔에 남아 있는 와인과 살살 흔들어주기 전 와인의 증발률은 다르지만 이것은 마랑고니 효과에 큰 영향을 끼치지 않는다. 와인과 표면에 생긴 막의 부피가 마랑고니 효과에 영향을 끼친다. 특히 습기가 찬 와인 잔 내부의 가장자리에 형성된 수막은 얇다. 알코올이 빨리 증발하기 때문에 습기가 있는 면의 농도에 기울기가 생기는 것이다. 즉 유체막의 높이가 높아질수록 알코올 함량이 높아진다. 알코올 함량이 낮다는 것은 계면 장력이 더 높다는 의미이기도 하다. 우리가 후추 실험에서 확인했듯이 습기가 있는 면의 윗부분 물의 비중이 높을수록 와인보다 계면 장력이 높기 때문에 와인이 위로 올라간다. 좀 더 자세히 관찰하면 와인 잔의 입구 방향으로 유체가 이동하는 걸 확인할 수 있다.

그런데 마랑고니 효과를, 그날 밤 내가 아마르와 함께 관찰했던 아치 모양과 어디까지 연관 지어 설명할 수 있을까? 아주 쉽다. 유

---

*     vapor pressure, 액체 또는 기체에서 증발하는 압력 - 옮긴이

체막 윗부분에서는 알코올이 증발하고 아랫부분에서는 계면 장력이 증가하기 때문에 알코올이 위로 움직인다. 그렇다면 습기가 있는 면의 아랫부분에 남아 있는 와인과 흔들기 전 와인의 성분이 다른 것이 아닐까? 이 모든 것이 유체막의 윗부분에서 서서히 증발하는 물질, 주로 물로부터 고리 모양이 형성될 때까지 일어나는 프로세스다. 몇몇 위치에서는 이 고리가 너무 무겁기 때문에 계면장력으로 이 고리를 받치고 있을 수 없다. 이런 곳에서는 와인 방울이 형성되어 다시 아래로 떨어진다. 신비로 가득 찬 아치가 만들어지는 것이다.

아치의 형태를 보면 쉽게 증발하는 에탄올과 쉽게 증발하지 않는 물질, 이를테면 설탕 혹은 긴사슬 알코올의 구성 비율을 대략 짐작할 수 있다. 아치 모양이 뾰족하고 물방울이 클수록 와인 속에 쉽게 증발하지 않는 물질 함량이 많다는 뜻이다. 하지만 이것이 반드시 와인 맛과 질이 좋다는 뜻은 아니다.

다음번 와인 시음을 할 때 어설픈 경험 법칙으로 잘난 척을 해보자. 일반적으로 알코올 함량이 높은 와인은 와인 잔을 흔들면 뾰족한 아치 모양이 형성되고, 알코올 함량이 낮은 와인은 와인 잔을 흔들면 둥근 아치 모양이 형성된다. 사실 와인은 물과 알코올 외에도 다양한 물질로 구성되어 있기 때문에 이 어설픈 경험 법칙을 절대적으로 맹신할 수는 없다. 게다가 와인의 온도나 와인 잔의 형태와 같은 다른 파라미터들도 아치의 모양에 많은 영향을 준다. 둥근 아치를 형성하는 와인과 뾰족한 아치를 형성하는 와인 중 어떤 와인 맛이 더 좋은지는 알 수 없다. 개인의 취향에 관한 문제이므로 좋고 나쁨을 따질 수 없다.

하지만 아마르가 가져온 와인에 대해서만큼은 아주 빠르고 쉽게 답할 수 있다. 이 맛대가리 없는 와인은 음주용보다는 요리용으로 적합하다. 여기에서 내가 찾은 법칙은 와인 맛이 형편없을수록 피자 맛이 좋다는 것이었다! 라 마리넬라는 우리 셰어하우스에서 차로 15분 정도 가야 하는 거리에 있었지만 피자만큼은 항상 갓 구운 것처럼 맛있었다. 송년의 밤에 맛대가리 없는 와인 때문에 스트레스 받은 것 말고 별다른 일은 없었다. 나중에 톰에게 고통을 준 사건이 있었던 것으로 확인됐지만 말이다……

# 두 번째 실험:
## 뜨거운 물질을 찾아서

이탈리아인 행세하길 좋아하는 아마르가 두 아들과 함께 주방을 나서자 갓 구운 피자 향이 다른 방까지 쫙 퍼졌다. 유리와 톰은 어깨동무를 하고 이 분위기에 딱 맞는 깃털 목도리와 기타를 목에 건 채 비틀거렸다. 루핑 루이 게임 때문에 티격태격하던 두 사람은 이내 사이가 좋아졌다. 두 사람의 창법은 스파이스 걸스보다는 스캣맨 존*에 가까워서 나는 정확하게 어떤

* Scatman John, 미국의 음악가 존 폴 라킨John Paul Larkin의 예명. 퓨전 스캣과 춤곡을 유행시켰으며 대표곡으로 1995년에 발표한 〈Ski Ba Bop

가사를 부르는지 알 수 없었고 대략 짐작만 할 뿐이었다.

그런데 이놈의 피자 때문에 사건이 또 벌어졌다. 송년의 날 저녁부터 마테스에게 참패를 당한 탓에 대머리 종교 교사 톰은 계속 쭐쭐 굶고 있었다. 톰은 손으로 기타를 지그시 붙잡은 채 비틀거리며 피자를 가지러 갔다. 톰이 가장 좋아하는 피자에서는 아직 김이 모락모락 나고 있었다. 톰이 허겁지겁 피자를 크게 한 입 베어 물려는 순간, 나는 톰이 입을 델까 걱정이 되어 톰의 뒤통수에 대고 "조심해. 이 피자 겁나게 뜨거워!"라고 외쳤다. 아니나 다를까. 톰은 토마토 조각이 입에 닿자마자 마테스의 주방을 향해 휙 내뱉으며 집 안이 쩌렁쩌렁 울리도록 욕설을 퍼부어댔다. 갑작스런 큰 소리에 소스라치게 놀란 마테스는 맥주를 쏟고 맛도 제대로 보기 전에 살라미 피자를 떨어뜨렸다. 때마침 잉에는 식기 세척기에서 플라스틱 접시 몇 개를 꺼내 마지막 남은 물기를 닦으려던 차였다. 그런데 굶주린 불도그 빌헬름이 살라미를 먹으려고 득달같이 달려오는 바람에 마테스는 그나마 남은 맥주마저 쏟고 말았다. 마테스의 입에서 거친 욕설이 튀어나올 줄 알았는데 예상과 달리 마테스는 잠자코 있었다. 대신 이 상황을 지켜보

Ba Dop Bop〉가 있다. 이 노래는 자신의 말더듬이 증세를 스캣 창법으로 해석한 것으로 유명하다 ─옮긴이

고 있던 금발의 퀄른 여자 잉에가 "빌헬름도 목 좀 축이고 싶었던 모양이네!"라며 배꼽을 부여잡고 큰 소리로 웃어댔다.

　상황은 점점 최악으로 치달았고 톰은 더 이상 아무 말도 하지 않은 채 체감온도 500°C인 토마토 토핑에 홀라당 덴 입의 열기를 달래기 위해 아마르가 준 와인을 벌컥벌컥 들이켰다. 톰은 자신의 의지와는 상관없이 와인을 도로 다 토해냈다. 어드벤처 게임 '원숭이섬의 비밀The secret of monkey island'의 주인공 가이브러시 트립우드가 무모하게 입으로 불을 끄는 모습을 방불케 하는 장면이었다.

　아무튼 그날 저녁 톰에게는 먹을 복이 없었다. 그런데 이상한 점이 있었다. 왜 하필 톰은 피자가 아니라 토마토 토핑에 입을 덴 것일까? 여러분도 비슷한 경험을 해봤을 테니 톰의 심정을 충분히 이해할 것이다. 피자 바게트나 피자를 오븐에 구우면 빵 부분은 먹기에 적당한 온도지만 토마토소스나 토마토 토핑 부분의 온도는 엄청 뜨겁다. 그렇다면 같은 온도로 구워도 토마토가 빵 부분보다 더 뜨거워지는 것일까?

　성능이 좋은 피자 오븐으로 피자를 구우면 뜨거운 부분의 온도는 500°C에 달하고 60~90초면 골고루 잘 구워진 피자가 완성된다. 2장에서 배웠던 물의 상전이에 대한 내용을 빨리 불러와 보자. 아무리 높은 온도로 구워도 토마토의 최대 온도는 100°C다. 토마토는 대부분이 물로 이뤄져 있고 정상압에서 물이 완전히 증발되기 전까지는 온도가 올라가지 않는다. 치즈 등 피자의 나머지 부분은 대부분이 지방으로 되어 있기 때문에 120°C 혹은 150°C까지 온도가 더 올라갈 수 있다. 오븐에서 피자가 구워지는 동안 토마토 토핑 부분은 다른 부분보다 온도가 낮다. 온도가 더 높은 치즈 토핑 부분을 먹을 때는 멀쩡한데 토마토 토핑 부분을 먹을 때 입을 데는 이유는 무엇일까?

답은 토마토의 수분 함량이 90%에 달한다는 데서 찾을 수 있다. 오븐 속에서 토마토의 온도는 100°C를 넘지 못하지만 토마토 자체에 수분이 많아서 열을 저장할 수 있는 공간이 많다. 이 마법의 단어를 전문용어로 비열 용량specific heat capacity이라고 한다.

$$c = \frac{\Delta Q}{m \cdot \Delta T}$$

(여기에서 △Q는 물질에 공급된 열용량/에너지, m은 질량, △T는 온도 변화를 말한다.)

비열 용량은 일정 질량의 물질 온도를 1°C 올리는 데 드는 에너지를 말한다. 물은 1kg당 들어 있는 열량이 4,812kJ(킬로줄)이지만 지방은 이보다 훨씬 낮다. 식물성 기름은 1kg당 1,970kJ로,

물을 1°C 올리는 데 필요한 열량의 절반도 안 된다. 피자에 토핑된 치즈의 열용량을 정확하게 측정하는 것은 비교적 어렵다. 치즈는 종류와 제조 과정에 따른 차이가 큰 비균질 혼합물이라는 점과, 물뿐만 아니라 지방에서도 큰 차이가 나타날 수 있다는 점 때문이다. 출처에 따라 다소 차이는 있지만 치즈의 열용량의 개략적인 기준치는 1.8kJ/kg·K(킬로줄 퍼 킬로그램 켈빈)에서 2.2kJ/kg·K 사이이다.

이런 것까지 일일이 따지려면 너무 복잡하니 오븐에서 구운 직후 피자의 모든 성분의 온도가 100°C에 조금 못 미친다고 하자. 그리고 오븐에 넣기 전 피자의 모든 성분의 온도가 20°C라고 가정하자. 이 경우 토마토 토핑의 온도를 100°C로 올리려면 토마토 토핑 100g당 38.4kJ의 에너지가 필요하다. 반면 같은 양의 치즈의 온도를 100°C로 올리려면 17.6kJ의 에너지가 필요하다. 상온에 피자를 잠시 놔두면 에너지는 열의 형태로 다시 주변으로 배출된다.

하지만 토마토 100g보다 치즈 100g에 훨씬 더 많은 열에너지가 저장될 수 있다. 게다가 토마토는 치즈보다 훨씬 더 작은 면적에 열을 저장할 수 있다. 따라서 토마토가 열에너지의 형태로 주변에 열을 배출하는 접촉면은 훨씬 작다. 게다가 토마토는 치즈와 피자 도우 사이에 들어 있기 때문에 둘 다 열전도체로는 부적합하고 토마토는 주변 환경과 분리되어 있다.

그래도 일단 토마토뿐만 아니라 치즈가 냉각될 때 같은 양의 열에너지를 방출시킨다고 가정하자. 둘 다 저장된 열에너지 중 15kJ을 다시 방출시킬지라도 토마토의 온도는 69°C, 치즈의 온도는 32°C밖에 안 된다. 신선한 토마토는 수분 함량과 열용량이 높고 피자의 다른 부분보다 온도가 천천히 떨어지기 때문에 피자 토핑으로 적합한 것이다.

신선한 토마토 토핑 피자의 경우, 토마토가 더 이상 뜨거워지지 않고 토마토 토핑을 제외한 나머지 부분이 완전히 식지 않은 상태로 유지되는 시간이 아주 짧다. 톰이 사랑하는 오레가노를 뺀 토마토 모차렐라 피자는 우리가 일상에서 쉽게 체험하면서 비열 용량을 공부하기에 좋은 예다. 그날 밤 유리가 직접 제조한 술은 우리가 있는 동안 절대 기타를 건드리지 않겠다는 약속처럼 그냥 잊혔다.

# 5장.

# 흔들어놓은 맥주 캔으로
# 하는 룰렛 게임

_관성 모멘트

셰어하우스 복도: 밤 11시 40분

시간이 지나고 보니 우리 셰어하우스에 초대
된 손님의 절반 정도는 내가 생판 모르는 사람이었다. 그제야 나
는 그날 밤 유리가 다음 일정으로 무엇을 계획해두었는지 감이
왔다. 그래서 나는 유리를 찾아나섰다. 유리는 스웨터를 캥거루
주머니처럼 만들어 셰어하우스 복도의 맥주 박스에 있던 맥주를
실어나르고 있었다. 파티 손님의 대부분이 내가 모르는 사람이었
던 터라 유리에게 그들에 대해 물어보려고 하자, 유리가 "라인하
르트, 이 사람들은 사업 파트너이고 이반과 내 팬이야. 너무 걱정
할 것 없어!"라며 나를 안심시켜 주었다. 그런데 그 순간부터 갑

작스레 걱정이 몰려왔다.

유리는 이상하다는 듯 고개를 살짝 갸우뚱하더니 맥주 두 캔을 내 손에 쥐어주고는 쏜살같이 마테스의 방이 있는 계단 위로 뛰어 올라갔다. 그는 숨을 헐떡거리며 계단 끝에서 나를 불렀다. 나는 이상한 낌새가 사실이라는 확신이 들었기 때문에 곧장 유리를 쫓아 올라왔다. 달리 좋은 방도가 없었기에 나도 자연스레 상황에 휘말려들고 말았다. 몇 분 후 유리, 마테스, 톰, 잉에, 그리고 불쌍한 셰어하우스족들을 위해 맥주 캔을 기증한 두 명의 펑크족이 감탄사가 절로 나올 정도로 잘 정돈된 마테스의 주방으로 들어갔다.

마테스의 집은 우리 셰어하우스와 구조가 같았다. 다른 점이라면 그가 80m²나 되는 넓은 공간에 빌헬름과 단둘이 살고 있다는 것이었다. 손님 초대방은 물론이고 모든 것이 갖춰진 주방, 그리고 주방 안 오븐 맞은편에는 우리 셰어하우스 거실의 소파처럼 대형 벽걸이 TV 한 대가 떡 하니 걸려 있었다. TV를 중심으로 펼쳐진 공간은 영세한 시골 영화관 뺨칠 정도로 넓었다. 이 TV 옆에는 책장처럼 길쭉한 이케아 수납장이 있었다. 수납장의 절반 정도는 빵 굽는 틀과 토르테 틀, 짤주머니, 나머지 절반은 각종 열쇠, 믹서, 요리책 등으로 빼곡히 채워져 있었다.

그리고 오래된 펑크록 밴드 포스터로 도배되어 있는 방 한쪽 구석에는 커다란 쿠션이 놓여 있고, 그 위에 빌헬름이 자기 주변의 화려한 가구와 가전제품 따위에는 관심도 없다는 듯 한가로이 누워 있었다. 마테스와 톰은 방 한가운데를 장식하고 있는 길쭉한 식탁에서 마주보고 앉아 아무 말 하지 않고 눈이 반쯤 감긴 상태로 몇 분째 눈싸움을 하고 있었다.

이 모든 상황이 희미하게 새어나오는 불빛을 통해 드러났다. 테이블 위에 달랑거리며 매달려 있는 소박한 전등 소켓과 마테스의 부모님이 슈바르츠발트 여행 기념으로 가져오신 뻐꾸기시계의 똑딱거리는 소리는 마테스가 일부러 의도한 것은 아니었으나 코믹한 조합을 이루며 긴장감을 더해주고 있었다. 이 아슬아슬한 순간 혹여 나무 뻐꾸기가 발랄하게 미닫이문을 열고 나와 뻐꾹뻐꾹 울기라도 했다면 무슨 일이 벌어졌을지 모른다. 아무 죄도 없는 이 뻐꾸기는 마테스와 톰이 닥치는 대로 집어던진 물건을 얻어맞아 몸이 성치 못했을 것이다.

두 사람은 팽팽한 긴장감이 감도는 이 상황에 정신을 바짝 차리고 웃음을 터뜨리지 않으려고 무진 애를 쓰고 있었다. 두 사람이 마주 앉아 있는 식탁 위에는 밀가루 범벅이 된 마테스의 장갑 한 짝이 놓여 있었다. 보아하니 몇 분 전 톰은 나머지 한 짝으로 마테스에게 싸대기를 날리고 아무데나 패대기를 친 듯했다. 이런 폭력적인 방법으로 톰은 그날 밤 몇 시간 내내 연타를 날렸던 참패의 설움을 보상받으려 설욕의 기회를 노리고 있었다.

그런데 두 사람의 갈등을 해결하는 데 여러 가지 걸림돌이 있었다. 첫째, 이제 우리에게는 이 싸움을 이성적이고 문명화된 방법으로 해결할 수 있는 도구인 성능 좋은 게임 콘솔이 하나도 남아 있지 않았다. 둘째, 우리 셰어하우스에서 파티를 즐기려고 모여든 손님들 대부분이 수컷들만의 셰어하우스에서는 심각한 문제인 자존심 대결을 이해하지 못한다는 것이었다. 우리는 몇 달간 질질 끌어온 두 남자의 자존심 싸움을 어느 한쪽의 불만 없이 공평하게 해결할 방안을 모색해야 했다. 드디어 유리가 한 가지 묘안을 찾아냈다. 하나님의 뜻에 맡기는 것이었다!

유리는 의미심장한 눈빛을 보내더니 스웨터에 담아온 맥주 캔 중 하나만 식탁 위에 내려놓았다. 유리는 아버지가 프리그니츠에서 러시아 마피아의 재단사로 일했던 이야기와 자신이 소년 시절 형제단의 심부름꾼 노릇을 했던 이야기를 해주었다.

당시 유리는 오후에 약 500g 정도 되는 소포를 '삼촌'에게 갖다주는 전달책 역할을 했다고 한다. 그때 유리는 이 삼촌이 친구와 룰렛처럼 생긴 것으로 게임을 하는 장면을 보았다. 두 러시아 사내는 테이블을 맞대고 앉아 있었는데 이 테이블에는 10개의 유리잔이 놓여 있는 회전접시가 있었다. 유리잔 중 9개의 잔에는 보드카가 들어 있고 나머지 한 잔에도 투명한 액체가 담겨 있었는데 해골 표시가 되어 있었다. 한 사람이 접시를 돌리면 다른 사람

# 재미에서 깊이까지
## 더숲 교양과학 도서목록

**페이스북·인스타그램 @theforestbook**

새 책 소식, 이벤트, 강연 안내 등의 정보를 제일 먼저 만나보실 수 있습니다.

더숲 02)3141-8301~2 | 서울시 마포구 양화로16길 18(서교동) 3층

은 어떤 것이 해골 그림이 그려진 잔인지 알 수 없었다. 두 사람은 항상 동시에 접시에서 잔을 골라잡은 뒤 건배를 하고 타들어 갈 듯한 눈빛으로 서로를 노려보며 잔을 비우고는 센 척하며 쾅하고 내려놓았다. 두 사람이 세 번째 잔을 마시려 할 때 드디어 사건이 터졌다. 유리의 삼촌이 잔을 비우려던 참이었다. 삼촌의 게임 상대가 고통스러운 표정을 하며 배를 움켜잡더니 벌떡 일어나 문으로 돌진했다. 하지만 그는 문고리를 잡기도 전에 구역질이 올라와 죄다 토하고 말았다. 아마 해골 그림 잔에 아포모르핀apomorphine 같은 약이 들어 있었던 듯하다. 아포모르핀은 모르핀에서 추출한 것으로 독성은 없지만 심한 구토를 유발하는 성분이기 때문이다.

유리는 그때의 기억을 되살려 옳다구나 하며 마테스의 이케아 수납장에서 회전접시를 꺼내왔다. 그는 테이블 위에 내려놓고 0.33ℓ짜리 맥주 캔 8개를 일정한 간격으로 세워놓았다. 물론 그는 그중 한 캔은 맥주 거품이 폭발하도록 회전접시에 올려놓기 전에 신나게 흔들어놓았다. 준비를 마치자 그는 톰과 마테스에게 자리를 잡으라고 했다.

어린 시절 프리그니츠의 변형 버전 룰렛 게임처럼 먼저 마테스가 접시를 세차게 돌렸고 톰은 무슨 일이 벌어지는지 볼 수 없었다. 이어 톰도 마테스가 다른 곳을 보고 있는 동안 접시를 힘껏 돌렸다. 둘 다 접시를 몇 번이나 돌렸지만 미리 흔들어놓은 맥주가 어떤 것인지 알 길이 없었다. 옆에서 구경하는 친구들조차 힌트를 주거나 환호하지 않았다. 그렇게 모두가 숨죽인 가운데 게임이 진행됐다. 이제 승부는 운명에 달려 있었다.

두 사람이 동시에 망설임 없이 첫 번째 캔을 골라잡고 눈을 지그시 감은 채 캔을 땄다. 아무 일도 벌어지지 않았다. 둘은 작은 맥주 캔을 입에 털어 넣고 두 손으로 꽉 찌그러뜨린 다음 등 뒤로 휙 던져버렸다. 그리고 2라운드가 시작되었다. 2라운드 대결도 무승부로 끝났다. 하지만 주변의 구경꾼들은 두 적수 사이에 서서히 긴장감이 흐르기 시작했다는 걸 알 수 있었다.

1라운드와 2라운드에서 둘 중 한 사람이 흔들어놓은 맥주 캔을 잡지 않을 확률은 25%, 한 사람만 웃을 확률은 12.5%였다. 하지만 3라운드에서 사정은 전혀 달랐다. 두 사람이 맥주 거품 세례를 받지 않을 확률은 50대 50이었다. 워낙 박빙의 승부인지라 구경꾼인 우리에게도 '앙숙 관계'인 두 사람의 미세한 떨림이 느껴질 정도였다. 이제 남아 있는 맥주 캔은 4개밖에 없었다. 톰은 팔을 쭉 뻗어 맥주 캔을 따려고 따개에 손을 갖다댔다. 마테스는 놀란 토끼 눈으로 뭔가 미심쩍고 믿기지 않는다는 듯 톰을 쳐다보았다. 톰은 거품이 폭발할 가능성이 있는 맥주 캔을 자기 머리 쪽으로 가져가더니 눈을 꼭 감고 캔을 땄다. 동시에 마테스도 캔을 땄다. 그런데 이번에도 아무 일도 벌어지지 않았다. 두 사람의 긴장 섞인 숨소리가 들려왔다. 두 사람은 이마에 송골송골 맺힌 땀을 훔치고 사형 집행 전 '최후의 만찬'을 하는 사형수처럼 비장하게 맥주를 들이켰다.

적어도 겉으로는 마테스가 톰보다 긴장감을 잘 감추는 듯했다. 마테스는 도발자인 톰에게 마지막 두 캔 중에서 한 캔을 먼저 선택할 기회를 주었다. 톰은 멈칫하더니 떨리는 손을 뻗어 마테스 가까이에 있는 맥주 캔을 선택하려는 듯했다. 돌연 톰의 눈빛이 바뀌면서 맥주 캔 두 개를 동시에 잡더니 식탁 위에 올려놓았다. 초조함에 시달리던 톰은 언제 그랬냐는 듯 자신만만한 표정을 지었다. 나는 그 이유를 알 것 같았다. 톰이 머릿속으로 어떤 계산을 하고 있는지 이미 눈치 챘기 때문이었다.

# 실험
## : 맥주 캔 굴리기

톰은 맥주 캔 두 개를 나란히 눕히고 식탁을 자기 쪽으로 살짝 당긴 다음 두 개의 맥주 캔을 천천히 굴렸다. 마테스는 뭔가 찜찜했지만 이 상황을 잠자코 지켜보면서 톰에게 모든 걸 맡겼다. 톰은 이렇게 맥주 캔을 몇 번 굴리고 난 다음, 한 개는 자기가 갖고 나머지 한 개는 마테스 앞에 세워놓았다. 마테스는 마지막 승부를 판가름 낼 캔을 집었다. 마테스의 집 거실을 장식하고 있는 대형 괘종시계의 추가 열두 번 울릴 때 마테스와 톰은 마지막 캔을 들었다. 결국 마테스가 맥주 세례에 당첨되며 우리는 또 한 해를 마무리했다.

톰은 흔들어놓은 캔과 흔들지 않은 캔을 어떻게 구분한 걸까? 여러 개의 탄산음료 캔이 있을 때 흔들어놓은 캔과 흔들지 않은 캔을 쉽게 구분할 수 있는 방법이 있다.* 그보다 먼저 여러분이 알아두어야 할 것이 있다. 캔을 흔들면 (우리가 쉽게 측정할 수 있는) 물리적 특성에 극적인 변화가 일어난다. 따라서 흔들지 않은 캔보다 흔들어놓은 캔이 천천히 굴러간다. 물론 겉으로는 아무런 차이도 나타나지 않고 캔 내부에서만 변화가 일어난다.

흔들어놓은 캔이 흔들지 않은 캔보다 천천히 굴러가는 이유에 대해 많은 사람이 캔을 흔들면 캔 내부의 압력 증가로 말미암아 부피가 팽창하기 때문이라고 생각한다. 그러나 이것은 잘못된 추론이다. 여러분 중에서도 캔을 많이 흔들어주면 캔 내부의 압력이 증가한다고 생각하는 사람이 있을지 모르겠지만 캔을 아무리 많이 흔들어도 캔 내부의 압력은 증가하지 않는다.

흔들어놓은 캔을 따면 액체였던 맥주가 거품의 형태로 사방으로 마구 '폭발'해버린다. 그런데 이것은 캔 내부의 압력이 증가해서가 아니라 캔을 땄을 때 임의로 압력이 감소해서 일어나는 현상이다. 사실은 정반대인 역(逆)의 상황이 원인이었던 것이다.

---

● 데이비드 케이건, 「셰이큰 소다 신드롬」, 《물리학 교사》 39호, pp. 290~292, 2001년 5월

## 흔들지 않은 맥주와 관성의 관계

흔들어놓은 맥주 캔이 천천히 굴러가는 이유와 압력은 아무 관련이 없다. 이 점을 기억해두길 바란다.

대체 이 현상을 무엇으로 설명할 수 있을까? 여러분도 일상생활에서 경험해보아 알겠지만 무거운 물체가 가벼운 물체보다 빨리 떨어진다. 하지만 이 현상에서는 궁금증의 답을 찾을 수 없다. 다음 두 가지 이유 때문이다. 첫째, 맥주 캔을 흔들기 전과 후의 질량에는 변함이 없고, 둘째, 이것은 질량과는 전혀 관련이 없는 현상이다.

가벼운 물체가 지면에서 더 천천히 미끄러지는 것은 공기저항 때문이다. 이것은 진공 체임버(진공함)에서 다양한 실험을 통해 충분히 증명할 수 있다. 이것 말고 이 현상을 가장 속시원하게 증명한 사례는 유인 탐사선 아폴로 15호의 미션이었다. 아폴로 15호 우주 비행사들이 대기가 없는 달에서 망치와 깃털을 떨어뜨렸더니 동시에 지면에 도달했다.

몇 가지 한계점이 있기는 하지만 여러분도 집에서 이 실험을 해볼 수 있다. 땅콩, 깃털, 종잇조각처럼 작은 물체를 동시에 떨어뜨려보자. 당연히 땅콩이 가장 먼저 떨어지고 깃털, 종이 순으로 떨어진다.

그런데 깃털 혹은 종이와 땅콩을 (이것보다 더 좋은 실험 도구가 없다) 책 위에 올려놓은 상태에서 책을 낙하시키면 전혀 다른 일이 벌어진다. 깃털 혹은 종이는 물론이고 땅콩도 드래프팅* 상태에서 낙하하기 때문에 이 세 물체의 낙하 속도는 동일하다. 즉, 땅콩보다 훨씬 가벼운 깃털 혹은 종이가 땅콩과 동시에 지면에 도달한다.

물론 이 실험에는 허점이 하나 있다. 책은 진공 상태에서 낙하하는 것도 아니고, 아래로 흐르는 공기 때문에 (아래에서 공기 저항이 작용하기 때문에) 책이 깃털에 눌릴 수 있다는 것이다. 이 정도 배경 지식만 있어도 여러분의 궁금증을 푸는 데 충분하다.

배경 설명을 끝냈으니 이제 맥주 캔 굴리기 실험으로 돌아가자. 절대 중량은 지면 방향에 붙는 가속에 별다른 영향을 끼치지 않는다. 또한 캔을 흔들기 전후 압력도 똑같다.

물론 캔의 절대 질량과 지면 방향으로 떨어질 때 붙는 가속 사이에는 직접적인 연관성은 없지만 바로 여기에서 문제 해결의 실마리를 찾을 수 있다. 가속 상태가 일정하게 유지될 때 원기둥의

---

• drafting, 최고 속력으로 달리는 다른 경주용 자동차 바로 뒤에서 차를 모는 기술을 말한다. 같은 스피드로 움직이면서도 공기 저항을 적게 받아 에너지 소비를 줄일 수 있다. 차체가 앞쪽을 향해 나가게 되면 주변에 공기 압력이 생기지만, 차체 뒤에는 오히려 공기저항이 줄어들기 때문이다 – 옮긴이

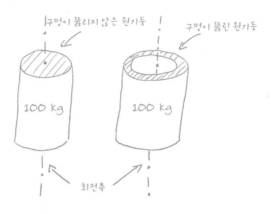

두 원기둥의 질량과 외부 치수는 동일하다. 다만 질량 분배에서 차이가 있을 뿐이다.

회전 속도에 결정적인 영향을 주는 것은 공간에서의 질량 분배다. 그런데 맥주 캔 질량의 대부분은 구멍이 뚫린 원기둥처럼 회전축에서 멀리 떨어진 부분에 몰려 있다. 따라서 질량이 같은 원기둥이라고 해도 질량이 회전축에 몰려 있지 않은 원기둥보다 질량이 회전축에 몰려 있는 원기둥을 훨씬 회전시키기 어렵다.

물리학에서는 물체의 회전축을 중심으로 질량이 다양하게 분배되는 현상을 '관성 모멘트°'로 나타낸다. 물체의 관성 모멘트가

● moment of inertia, 회전하는 물체가 회전을 지속하려고 하는 성질의

클수록 물체가 적게 회전한다. 이러한 효과를 특히 잘 활용하는 사람들이 줄타기 곡예사다.

줄타기 곡예사들은 긴 봉을 이용해 균형을 잡는다. 봉을 이용하면 균형을 유지해야 하는 물체의 질량이 회전축, 즉 곡예사의 발에서 먼 곳으로 분산된다. 회전축 역할을 하는 봉이 회전하려고 하지 않기 때문에 곡예사는 더 쉽게 중심을 잡고 줄 위에서 걸을 수 있다.

여러분의 이해를 돕기 위해 관성 모멘트를 우리가 아침에 일어나 출근하는 시간으로 비유해 설명해보겠다. 아침에 일어나 이불 속에서 꾸물거리는 시간을 관성 모멘트, 꾸물거리고 싶은 마음을 떨쳐버리고 회사로 가는 출근길을 회전을 지속하려는 성질이라고 하자. 우리가 꾸물거리면 꾸물거릴수록 이불 속에서 꼼짝 않고 뭉그적대고 싶은 마음이 커지기 때문에 이 상황을 극복하려면 더 많은 노력이 필요하다. 사실 게으름은 지극히 개인적인 것이고 과학적으로 측정할 수 없지만 원기둥의 관성 모멘트(공식에서는 간단히 J로 나타낸다)는 아주 쉽게 구할 수 있다. 구멍이 뚫리지 않은 원기둥을 대칭축(세로선 방향)을 중심으로 돌릴 때의 관성 모

---

크기를 나타낸 것. 독일어 원문은 Trägheitsmoment인데, Trägheit에는 관성과 게으름이라는 두 가지 뜻이 있다 – 옮긴이

멘트는 다음 그림과 같다.

공식에서 볼 수 있듯이 원기둥의 관성 모멘트는 질량과 반지름의 영향을 받는다. 여기서 잠깐! 앞에서 우리는 맥주 캔을 흔들어도 질량과 반지름에는 변화가 없다고 배웠다. 원래는 그렇다. 뭔가 이상하지 않은가? 이 공식에 우리의 궁금증을 해결할 수 있는 실마리가 숨어 있다. 이 공식은 균질인 질량의 원기둥, 즉 질량이 고르게 분배되어 회전축을 중심으로 회전할 때 모든 질량이 사용되는 경우에만 적용된다. 맥주 캔에서는 이런 상황이 존재할 수

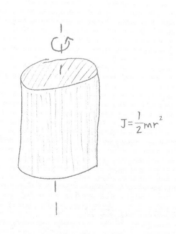

$$J = \frac{1}{2}mr^2$$

원기둥의 관성 모멘트는 위의 공식에 대입하면 쉽게 구할 수 있다.

없다. 맥주 캔은 얇은 알루미늄 재질로 되어 있고 그 안이 액체로 채워져 있기 때문이다.

투명한 플라스틱 생수병을 바닥에 굴리고 관찰해보면 쉽게 확인할 수 있다. 병이 굴러가도 병 안 액체의 움직임에는 거의 변화가 없다. 다만 거품은 항상 물 위에 둥둥 떠 있다. 맥주 캔을 굴렸을 때도 마찬가지다. 맥주 캔을 굴리면 회전축을 중심으로 돌아가지만 캔 안의 맥주는 거의 움직임이 없이 면 아래로 미끄러진다.

맥주 캔의 관성 모멘트는 캔 안에 들어 있는 맥주의 회전 여부에 많은 영향을 받는다. 바로 이것이 맥주 실험의 핵심 포인트다. 같은 맥주라도 흔들어놓지 않은 캔보다 흔들어놓은 캔을 아래로 굴렸을 때 '캔 안의 맥주'가 더 많이 회전한다. 흔들어놓은 맥주 캔의 관성 모멘트가 더 크기 때문에 더 천천히 굴러가는 것이다.

물론 맥주에 들어 있는 $CO_2$도 관련이 있다. 우리가 맥주 캔을 흔들면 맥주 캔 윗부분으로 크기가 큰 $CO_2$가 몰린다. 이 $CO_2$와 $CO_2$로 포화 상태가 된 액체가 혼합되고 우리가 맥주 캔을 흔들어줌으로써 소량의 에너지가 계 전체로 전달된다. 그 결과 무수히 많은 $CO_2$ 거품들이 긁힌 부분과 현미경으로만 관찰 가능한 아주 작은 크기의 오염 물질로 맥주 캔의 내벽이 형성된다. 이 현상은 탄산수를 유리컵에 직접 부어보면 관찰할 수 있다. 유리컵 안의 작게 긁힌 부분에 아주 작은 $CO_2$ 거품이 생긴다(일부는 맨눈으

경사면 아래로 맥주 캔을 굴렸을 때의 횡단면. 캔 안의 맥주에서는 움직임이 거의 보이지 않고 회전축을 중심으로 맥주 캔만 굴러간다.

로 볼 수 없다).

   콜라가 들어 있는 캔이나 유리컵에 빨대를 꽂으려고 하면 잘 꽂히지 않는 것도 같은 원리에서 발생하는 현상이다. 맨눈에는 보이지 않지만 현미경으로 관찰하면 빨대의 표면은 매우 울퉁불퉁하다. 거친 면에서는 $CO_2$ 거품이 더 많이 형성되기 때문에 빨대는 계속 위로 올라가려고 한다.

   캔이나 유리컵에 꽂으면 자꾸 위로 올라오려는 빨대와 마찬가지로, 맥주 캔을 흔든 후에는 아주 작은 $CO_2$ 거품들이 내벽을 감싸고 있다. 이때의 맥주 캔의 내벽, 거품, 맥주 사이의 마찰력이,

CO₂ 거품

오른쪽은 흔들어놓은 맥주 캔의 내벽에 CO₂가 달라붙어 있는 모습의 횡단면. 맥주 캔과 맥주가 함께 움직인다. 오른쪽은 흔들지 않은 맥주 캔의 횡단면.

맥주 캔을 흔들기 전 맥주 캔의 내벽과 맥주 사이의 마찰력보다 훨씬 크다. $CO_2$ 거품은 맥주 캔의 내벽에 거의 달라붙어 있으면 서 맥주 캔이 굴러갈 때 작은 외륜과 같은 역할을 한다. 따라서 캔이 굴러갈 때 캔 안의 맥주의 대부분이 함께 움직인다.

## 맥주의 폭발

이러한 과학 지식을 바탕으로 맥주 캔을 흔들면 맥주에 엄청 나게 많은 거품이 생기면서 사방으로 폭발하는 원리를 설명할 수 있다. 맥주 캔을 따기 전에 캔 안에는 약한 정압, 즉 물체 면에 대하여 압축하는 방향으로 작용하는 압력이 있기 때문에 캔을 만져보면 단단하고, 맥주 캔을 딸 때 거품이 보글보글 끓어오르는 소리가 난다. 이외에도 우리는 $CO_2$의 수용성은 온도와 압력의 영향을 받는다는 점도 알아야 한다. 온도가 낮고 압력이 높을수록 $CO_2$가 물에 잘 녹는다. 우리가 맥주 캔을 따면 맥주 안에 있던

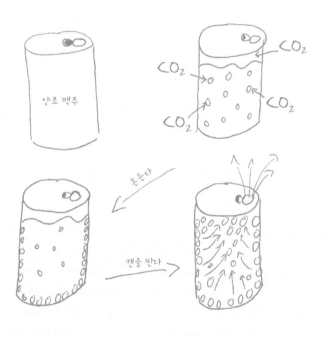

흔들어놓은 맥주 캔 따기 4단계

$CO_2$가 약간 빠져나가면서 압력이 조절된다. 캔 안의 압력이 감소하면서 빠른 속도로 캔 외부의 정상 대기압으로 돌아간다. 압력이 감소하면 물에 녹을 수 있는 $CO_2$의 양이 급격히 감소하고 맥주 캔 내벽에 달라붙어 있던 거품이 폭발적으로 증가한다.

맥주 거품의 크기가 어느 정도 되면 맥주 캔 내벽에 있던 거품이 튀어나와 공기 중으로 올라간다. 이 프로세스는 맥주 캔을 따고 불과 1초도 되지 않아 몇 번이나 반복된다. 공기 중으로 올라가던 거품이 맥주에 녹아 있던 거품과 만나면서 맥주 캔 밖으로 거품이 넘쳐흐르는 것이다. 모순처럼 들리겠지만 맥주 거품은 압력이 상승해서 넘치는 것이 아니라 갑작스레 압력이 감소해서 넘치는 것이다.

이 원리를 역으로 이용하면 맥주 거품이 넘치지 않게 할 수 있다. 사람들이 맥주 캔을 따는 모습을 관찰하면, 캔을 따기 전 자의 반 타의반으로 따개 부분을 톡톡 두들기는 모습이 자주 눈에 띈다. 따개 부분을 이렇게 두들겨봤자 아무 일도 일어나지 않는다. 탄산 거품은 맥주 캔의 내벽에 달라붙어 있기 때문이다. 따개가 아니라 맥주 캔 몸통 부분을 손가락으로 힘차게 두들겨주는 것이 훨씬 더 효과적이다. 맥주 캔을 잠시 세게 흔들어주면 대부분의 거품이 맥주 캔 내벽에서 떨어져나와 윗부분에 있던 거품과 만나 큰 거품이 만들어진다.

맥주 거품이 넘쳐흐르지 않게 하려면 먼저 위아래로 세차게 흔들어준 다음 몸통 부분을 손가락으로 세게 톡톡 두들겨주는 것이 가장 효과적이다. 물론 이렇게 한 다음 맥주 캔을 따면 거품 방울이 살짝 튀길 수 있다. 거품이 위로 상승할 때 따개 부분에도 거품이 만들어지기 때문이다. 하지만 맥주 거품 세례를 받지 않고 안전하게 맥주 캔을 딸 수 있다.

송년의 마지막 밤 마테스는 쓸데없이 맥주 캔의 윗부분을 세 번 두들기고 짧게 기도를 했다. 하지만 맥주에 흠뻑 젖고 말았다. 영국 신사 마테스는 맥주 거품 대결의 패배를 깔끔하게 인정했고 톰에게 축하 인사를 건네며 즐거이 새해를 맞이했다.

6장.

# 어둠 속 폭죽 전쟁
## _운동량 보존의 법칙

쾰른가 13a 셰어하우스 문 앞: 새벽 1시 30분

우리 주변의 모든 것이 폭발해버릴 것만 같
은 분위기였다. 귀청이 떨어질 듯한 소음을 동반한 폭죽이 사방
에서 아름다운 불꽃을 터뜨리며 날아왔다. 땀 냄새와 화약 냄새
가 진동했다. 꾹꾹 눌러 싼 종이가 타고 난 재, 빈 절구, 긴 나무공
이가 온 거리에 널브러져 있었다.

우리는 이 시간만을 기다리며 변압기 뒤쪽에 작전을 수행하기
좋은 장소를 확보하기 위해 방패막을 뚫고 나갈 틈을 노리고 있
었다. 그런데 올해에는 건너편 셰어하우스의 싸가지 없는 녀석들
이 벌써 조직적으로 무장하고 대기하고 있었다. 우리가 셰어하우

스 입구에서 머리를 내밀기도 전에 폭죽, 스퀴브*, 고막이 터지기 직전의 요란한 소음을 내는 꼬마 폭죽 등 온갖 폭죽이 비처럼 쏟아졌다. 이날을 위해 톰과 마테스는 하루 전에 눈을 뭉친 뒤 분무기로 물을 뿌려 임시 보호벽을 만들어놓았었다. 우리는 이 벽 뒤에 20분 전부터 쭈그리고 앉아 잠복하고 있었다. 나는 중국제 폭탄 D의 도화선에 코딱지만 한 라이터 하나와 이것을 잡기에는 지나치게 두꺼운 장갑을 끼고 불을 붙이려다 실패했다.

"망할! 작전을 성공시키려면 '합리적'으로 불을 붙이는 게 중요하다고 내가 말했는데! 너 때문에 다 같이 죽게 생겼다고!" 톰이 광분하며 내 손에서 폭죽을 빼앗아 두껍게 말아놓은 담배 끝에 도화선을 갖다댄 다음 맞은편 거리로 폭죽을 내던져버렸다. 종교 교사인 톰은 직업의 특성상 하루를 고요하고 덜 자극적이고 아주 평화로운 기분으로 보냈다. 하지만 폭죽 대전을 치르는 날만큼은 유독 철두철미한 준비성과 남다른 열정을 보였다. 언젠가 잉에는 톰이 아슬아슬한 청소년 시절을 너무 차분하고 태연하게 보내서 이러한 반전 캐릭터를 갖게 된 것 같다고 말한 적이 있었다. 이런 모습을 보면 톰이 증류주를 가득 채운 납작한 술병을 안주머니에 넣어놓고 두꺼운 시가를 입에 물고 분노의 감정을 꾹꾹

*  squib, 미세한 검은 화약을 채운 작은 관 – 옮긴이

눌러 쌓아놓았다가 이날 모든 것을 분출하는 것 같았기 때문이었다. 다양한 종류의 폭죽을 준비한 톰은 마치 사적인 울분을 토하려고 복수의 칼날을 갈고 있는 듯했다. 어쨌든 우리는 매년 그랬듯이 셰어하우스 입구로부터 몇 미터 떨어진 곳의 눈 벽 뒤에 앉아 기적이 일어나길 기다렸다.

사실 폭죽 대전이 연례행사처럼 벌어지게 된 사연이 있다. 몇 년 전 송년의 밤에 우연히 건너편 셰어하우스에서 쏘아올린 폭죽이 우리 셰어하우스에 떨어져 폭발한 적이 있었다. 당시 현장에 있었던 유리와 잉에는 일주일 동안 몸짓이나 쪽지 글로만 의사소통을 하며 지내야 했다. 갑작스런 충격으로 잉에가 일시적으로 청각을 잃었기 때문이었다. 다음해 두 사람은 복수를 다짐했고 유리가 폴란드 출장을 갔을 때 특별히 장만한 '무해하고 작은 폭죽'을 이웃집에 던지며 일종의 선전포고를 했다.

그때부터 우리는 한 해의 마지막 날이면 폭죽 전쟁을 치른다. 마테스는 유리와 잉에의 이야기를 듣자마자 설득당하여 침대 밑에 있던 구식 철모를 꺼내 쓰고 증조할아버지의 탄띠 좌우에 작은 폭죽과 브랜디로 무장한 뒤 이 싸움에 합세했다. 세 사람은 로켓처럼 생긴 폭죽을 개조해 검은 화약을 채워 넣을 수 있게 해달라고 나를 졸랐다. 톰은 윤리적 조력자로서 이 전쟁에 합세하여 우리가 도를 넘지 않도록 이성적인 견책을 했다.

사실 우리를 매년 전쟁으로 몰아가는 이 폭죽이 정말로 이웃 셰어하우스 녀석들이 던졌다는 물증도 확실치 않았다. 그런데 한 번 시작된 이후 이 전쟁은 매년 12월 31일마다 반복됐고 해를 거듭할수록 정도가 심해졌다. 지난해 12월 31일의 감자 대포의 강도는 가히 충격적이었다. 그런데 우리가 직접 제조해놓고도 이 괴물 대포의 취급 방법에 대해서 불만이 많았다. 게다가 탄환을 재장전하는 데만 시간이 너무 오래 걸렸다. 그러던 중 이 감자 대포가 혼자 저절로 폭발하는 바람에 큰 사고가 날 뻔했다. 우리가 세 번째 폭탄을 발사하려고 할 때 PVC 파이프의 양끝에서 굉장한 폭발음이 들렸다. 이 일로 하마터면 잉에의 손가락이 절단될 뻔한 후 우리는 감자 대포와는 아예 인연을 끊어버렸다. 인터넷에서 다운받은 매뉴얼대로 한다면 나무 보강재를 장착하고 연결 부위마다 최소 8개의 나사로 고정해야 했다. 이렇게 하는 데는 나름의 이유가 있었을 텐데도 유리는 그것을 무시하고 멋대로 대포를 제작했다. 유리가 헤어스프레이 몇 통과 건축자재 시장에서 가져온 파이프 몇 개를 불과 30분 만에 나사로 연결하는 장면은 그야말로 충격적이었다.

　　이 경험을 거울삼아 우리는 직접 제조한 대포는 멀리하기로 했고 참신한 작전을 짜는 데 치중했다. 그래서 올해는 생물학전을 치르기로 했다. 전통적으로 송년의 밤 폭죽 대전에서는 한쪽에서 폭죽이 다 떨어지면 폭죽 소리가 점점 잦아들면서 물러난다. 반면 승리한 쪽은 계속 폭죽을 터뜨리고 축하하며 남은 축포를 하늘로 쏘아올린다. 올해는 반드시 이기리라……

마테스와 톰의 맥주 대결이 끝나고 우리 모두는 다소 밋밋하게 새해를 축하하며 건배하고 있었다. 이날 밤 폭죽 전쟁은 그로부터 40분쯤 후부터 시작됐다. 그 시간에 나는 톰의 방 소파에 앉아 러시아 손님들과 담소를 나누면서, 톰이 생각에 잠긴 채 담배 상자 앞에 서 있다가 셔츠의 단추 사이에 오른쪽 손가락을 넣고 발을 앞으로 내밀었다 뒤로 내밀었다 하는 모습을 관찰하고 있었다.

잠시 고민하던 톰은 올해에는 길이가 178mm이고 두께가 18.65mm인 시가, 로메오 Y 율리에타 No.2로Romeo Y Julieta No.2 로 결정한 듯했다. 이 담배로 말할 것 같으면 위대한 전략가이자 최고 지휘관인 윈스턴 처칠Winston Churchill이 즐겨 피웠다고 한다. 톰은 율리에타 No.2를 담뱃갑에 채워 넣고 책상 서랍을 뒤져서 이 시가에 딱 어울리는 긴 성냥을 찾아왔다.

그때 복도에서 잉에가 끙끙거리며 무거운 짐을 끌고 오는 소리가 들렸다. 귀마개를 하고 눈가에 두껍게 아이라이너를 그린 모습의 잉에가 입에 담배를 문 채로 나타났다. 그녀는 등에 빵빵한 백팩을 메고 손으로 리넨 에코백 두 개를 들고는 '대복수전VENDETTA!!'을 외치며 계단 아래로 내려갔다. 마찬가지로 유리도 백팩을 메고 있었고, 마테스는 사뭇 진지한 표정과 결연한 의지를 보이며 잉에를 따라갔다. 이로써 올해의 전쟁이 공식 선포된 셈이었다. 톰과 나는 잠시 눈빛을 교환하고 우리의 전우들을 돕기 위해 공격을 개시했다.

거리에 나간 유리와 잉에는 유리의 똥차 폴크스바겐 버스 뒤로 쏜살같이 돌진했다. 두 사람은 셰어하우스 입구 옆에 주차된 유리의 차 뒤편 오른쪽이 작전을 수행하기에 알맞은 장소라고 생각했다. 톰과 나는 왼쪽에서 기다리며 전화선 접속 상자를 지나 우리가 애써 쌓은 새하얀 보호벽까지 총알처럼 달려갔다. 우리는 거저먹을 일만 남았다고 생각하며 전등 바로 밑에 앉아서 기다리고 있었다.

어젯밤에는 분명 보호벽 옆에 대형 트럭이 있었다. 그런데 우리가 방패막이로 삼으려고 어젯밤 미리 봐두었던 이 대형 트럭이 사라지고 없었다. 함정에 빠진 것이었다. 우리는 현관에 놔둔 보급품과 격리된 상태로 있었다. 이 위치에서라면 탄약이 금방 떨어지는 것은 시간 문제였다. 싸움을 계속하려면 건너편에 있는 변압기에서 왼쪽으로 20m를 가야 하는데 이것은 사실상 불가능한 일이었다. 원래 계획은 톰과 마테스가 트럭 뒤로 슬그머니 기어들어가 적들이 살고 있는 셰어하우스 입구 왼쪽에 참호를 파는 것이었다. 내가 불빛 폭죽과 스퀴브가 달린 건전지로 적들의 관심을 다른 곳으로 돌리는 동안 잉에와 유리는 천천히 아무도 눈치 채지 못하게 '똥차 탱크'를 오른쪽 앞으로 옮겨놓을 생각이었다. 우리의 목적은 적들을 압박하고 3면에서 동시에 공격하여 항복시키는 것이었다.

하지만 이 계획은 대실패로 돌아갔다. 적들이 우리 진영으로 레이디 폭죽과 요란한 다이너마이트 폭죽을 쉴 새 없이 퍼부어대며 우리를 꼼짝 못 하도록 붙들어놓았던 것이다. 유리와 잉에가 우리 셰어하우스 입구에서 후퇴하라는 손짓을 보내왔다. 2~3분쯤 지나자 우리는 두 사람이 원하는 것을 알았다. 화재 예방이었다. 마테스와 나는 눈으로 된 보호벽 뒤에 중간 정도 크기의 폭죽이 들어 있는 박스를 세우고 톰은 바로 옆에서 시가에만 몰두했다. 마테스와 나는 0.5초 간격으로 번갈아 가며 상자에서 폭죽을 꺼냈고 톰의 시가를 도화선에 가져갔다. 맞은편 거리에서 우박처럼 쏟아지던 폭죽 소리가 잠잠해졌다. 이 조치를 취하는 데 불과 1분이 걸렸지만 잉에와 유리가 백팩과 탄약이 들어 있는 가방을 우리 쪽으로 가져오기에 충분한 시간이었다.

올해도 우리는 이미 패한 듯했다. 나는 친구들의 진심어린 도움에 감사했다. 그런데 유리가 나한테 와서 이미 패배를 예상했고 만일을 대비해 지난주 대안을 미리 마련해놨다고 말하자 뱃속에서 살짝 경련이 느껴졌다. 유리는 이 계획이 우리 눈에는 다소 과격해 보일지 모르지만, 그날 밤과 미래를 위해 적을 한방에 보내버릴 수 있을 거라고 했다.

# 악마의 계획

유리의 아버지가 체르노빌 원자로에서 한동 안 수석 엔지니어로 일했다는 얘기를 한두 번 들은 적은 있었다. 하지만 나는 유리가 또 헛소리를 하는 것이라 생각했다. 그날 밤 눈으로 된 보호벽 뒤에 숨어 있을 때 나는 1초도 안 되는 짧은 순간이기는 했지만 유리의 이야기에 눈곱만큼이나마 진실이 담겨 있지 않을까 생각하며 불안감을 느꼈다.

유리는 잉에의 가방에서 작은 캔을 하나 꺼내어 기대감에 부푼 우리에게 보여줬다. 이 캔은 살짝 흠집이 나 있고 빵빵하게 부풀 어 있었다.

"존경하는 동지 여러분, 지금 보고 계신 것은 수르스트뢰밍 Surströmming입니다. 스웨덴에서 매년 8월 셋째 주 목요일부터 판매되는 전통 있는 생선 통조림이지요. 이 귀한 통조림은 우리 아버지가 우크라이나를 거쳐 동독으로 넘어올 당시 스웨덴에서 친히 공수하신 것입니다. 아버지께서는 이 수르스트뢰밍이 적들의 손에 절대 넘어가서는 안 된다고 말씀하셨지요." 유리는 수르스트뢰밍을 짧게 소개했다. 우리는 수르스트뢰밍 캔을 돌려가며 구경했고 어떻게 폭죽 전쟁에 사용할 것인지 유리에게 물었다.

"수르스트뢰밍은 머리를 떼어내고 내장을 손질해 소금물에 절인 청어야. 소금물에 절인 순간부터 청어가 발효되기 시작해. 발효 중인 상태에서 통조림 포장을 하는데, 통조림 상태에서도 발효가 계속 진행되지. 통조림 캔이 불룩한 것은 청어가 발효되면서 발생하는 가스 때문이야. 수르스트뢰밍은 스웨덴 사람들 사이에서는 별미로 통하고 냄새가 아주 고약하다는 게 특징이지. 이냄새에 익숙하지 않은 사람은 구토를 하기도 해. 이 캔을 따서 이썩은 내 나는 생선을 적들이 뒤집어쓰도록 만드는 거지!"

유리와 잉에는 눈을 반짝거리며 말했다. 마테스는 흥분한 나머지 잠시 숨을 죽였고, 톰은 너무 충격을 받아 입에 물고 있던 시가를 떨어뜨릴 뻔했다. 유리와 잉에가 오래전부터 철저히 준비해 온 것은 틀림없었다. 그래도 나는 조심스레 유리에게 이 썩은 내

나는 생선을 어떻게 던질 계획인지 물어봤다. 아직 따지도 않은 통을 던진다는 건가? 아니면 살짝 뚜껑이 열린 통을 던진다는 건가? 어쨌든 내용물만 던진다는 건 상상조차 할 수 없었다. 이 계획은 자폭하라는 명령이나 다름없었다. 그렇다면 우리 중 엔지니어가 이 캔을 따야 한다!

예상했듯이 유리와 잉에는 모든 계획을 완벽하게 짜놓았다. 송년의 밤 폭죽 전쟁의 본래 목적에 벗어난 행위이기는 했지만 두 사람은 썩은 생선 쪼가리를 흩뿌릴 로켓을 미리 설계해놓았다. 이 로켓은 뚜껑이 분리되는 구조로, 탄약 대신 고약한 생선을 넣으면 된다. 탄약에 습기가 있으면 안 되니까 콘돔에 생선을 채워 넣은 다음 꽉 묶어준다. 로켓이 폭발하면서 콘돔이 터질 것이고 적들의 진영 주변에는 썩은 생선 냄새가 진동할 것이다.

나는 유리의 작전이 인간된 도리로 보면 몹쓸 짓이었으나 독창적이라는 점은 인정할 수밖에 없었다. 나는 한 가지 문제점을 지적했다. 통조림 캔을 처음 땄을 때 진동하는 썩은 내를 어떻게 견딜 수 있겠냐는 것이었다. 유리는 기다렸다는 듯 백팩을 열더니 구동독 국가인민군이나 쓸 법한 방독면 두 개와 빨래집게 세 개를 꺼냈다. "잉에랑 내가 캔을 따고 콘돔에 생선을 채워야 하니까 활성탄 필터가 있는 방독면을 가져갈게. 너희는 생선을 넣을 로켓을 준비해주고 코를 빨래집게로 집고 있어. 내가 미리 말하는데 빨래집게로 코를 집어도 호흡을 통해 냄새가 올라오기는 할 거야. 그래도 그냥 있는 것보다는 냄새가 훨씬 약해. 지금은 이게 최선이야. 틈이 생기지 않도록 집게를 꼭 집어야 한다는 점 잊지 마. 워낙 냄새가 지독해서 몇 시간이 지나도 이곳에 냄새가 남아 있긴 할 거야!"

# 수르스트뢰밍
# 로켓 발사의 난관

볼록하게 부푼 캔 속의 수르스트뢰밍을 5등
분해야 로켓 하나당 충분한 양의 생선이 들어갈 수 있다. 그다음
에 적들이 피할 틈을 주지 않고 바로 로켓을 쏘아올려야 승리를
보장받을 수 있었다. 그런데 이 단계에서 물리학적 난관에 봉착
했다. 생선을 넣은 콘돔이 로켓에 장전되는 탄환보다 훨씬 무거
웠다. 그러니 이것은 정말 심각한 문제가 아닐 수 없었다.

송년 로켓에 장전되는 탄환은 밖에서 터졌을 때 우리 눈에 불
꽃으로 보이는 것이지만, 로켓에 맞는 실용 탑재량을 가지고 있
다. 실용 탑재량에 부합하는 작은 탄환에 들어 있는 원소에 따라

로켓이 폭발할 때의 불꽃색이 다르다. 바륨은 황록색, 소듐은 노란색, 스트론튬은 붉은색이다. 로켓 불꽃의 색은 우리의 계획과는 아무 상관이 없지만 실용 탑재량은 매우 중요했다. 그래서 나는 유리와 잉에게 눈 보호벽 뒤에서 몇 번이고 이 상황을 설명해 주려고 했다. 최악의 경우 로켓이 발사되기는커녕 불발된 채 일부가 떨어져나와 바닥에 나뒹굴 판이었다. 이 경우 우리가 썩은 생선 냄새의 직격탄을 맞게 된다. 이런 사태를 막으려면 로켓 설계도를 살짝 수정해야 했다.

로켓은 추진체를 연소시킴으로써 지면에서 위로 발사된다. 여기에 적용되는 물리학적 원리는 운동량 보존으로, 비행기와 달리 로켓은 날개 없이도 지면에서 벗어나는 것이다. 운동량은 역학적 물리량(p)으로 질량(m)에 속도(v)를 곱한 값이다.

$$P = m \cdot v$$

힘이나 토크 *와 같은 다른 역학적 크기와 달리 충격량은 일상 생활에서 접하기 어려우므로 이해하기 어렵다. 한 물체의 운동량

---

●     torque, 물체를 회전시키는 물리량으로, 돌림힘 또는 비틀림모멘트라고 도 한다 - 옮긴이

은 질량에 속도를 곱한 값에 비례한다. 따라서 같은 속도로 물체가 이동할 경우 무거운 물체일수록 운동량이 크다. 운동량을 가장 표현하기 좋은 방법은 해당 물체에 가해지는 힘이다. 예를 들어 총알은 매우 가볍기 때문에 속도도 매우 빠르다. 즉 운동량이 매우 크다. 거북이 속도로 움직이는 시가 전차의 운동량도 매우 크다. 시가 전차의 속도는 매우 느리지만 질량이 몇 톤이나 된다. 따라서 속도가 아주 느리다고 해도 운동량은 어마어마하게 크다.

속도가 빠른 총알이든 속도가 느린 시가 전차이든 간에 충격량이 큰 물체가 가로막고 있는 건 안 좋은 상황이다. 운동량은 쉽게 변하지 않는 보존량이다.

일부러 연출한 것은 아니겠지만 충격량 보존의 원리를 공부할 수 있는 비극적인 예가 있다. 구글 창에서 '햄스터'와 '짐볼'을 검색하면 짧은 동영상이 나온다(https://m.youtube.com/watch?v=4H2B_N-JjtU). 이 비디오에서 한 소녀는 짐볼을 튕겼을 때 햄스터의 점프력이 얼마나 좋은지 보여주려고 한다. 소녀가 햄스터를 짐볼 위에 올려놓은 다음 조심스레 짐볼을 튕기니까 햄스터가 짐볼에서 분리되어 공중으로 높이 튀어 오른다. 짐볼이 바닥과 충돌을 일으켜 위로 튀어 오를 때 짐볼의 충격량 일부가 햄스터에게 전달된다. 즉 햄스터가 위에 있는 짐볼은 햄스터가 없을 때만큼 높이 튀어 오르지 못한다. 짐볼은 햄스터보다 훨썬 무겁기 때문에 충격량도 몇 배에 달한다. 짐볼의 충격량이 햄스터에게 전달되면서 그만큼의 높이가 줄어들지만 거의 알아채기 어렵다. 그래서 몸이 아주 가벼운 햄스터에게 급격히 증가한 속도가 전달된다. 그 결과 옆의 그림처럼 햄스터는 높은 포물선을 그리며 튀어 올랐다 떨어지는 것이다.

짐볼 위의 햄스터가 날아가는 원리와 로켓이 날아갈 때 운동량이 보존되는 원리는 유사하다. 송년의 밤 우리가 준비한 기구(빈 샴페인 병의 목 부분에 달린 로켓)의 전체 운동량은 처음에는 0이었다. 운동량이 0일 때 로켓은 움직이지 않고 그 자리에 있다. 우리

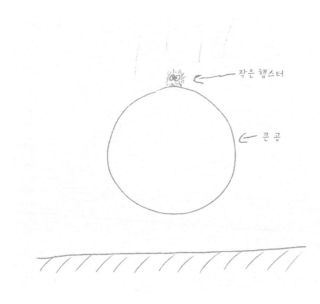

작은 햄스터

큰 공

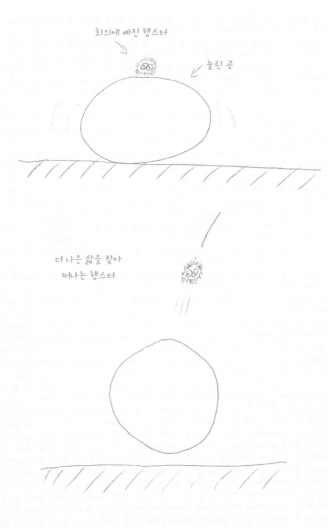

회의에 빠진 햄스터

놀린 공

더 나은 삶을 찾아
떠나는 햄스터

짐볼과 햄스터의 질량 차이가 크기 때문에 보존되는 충격량도 매우 크다.

가 로켓의 추진체에 점화하는 순간 꼬리 부분이 연소되면서 엄청난 속도로 로켓에서 가스가 솟아오른다. 이것은 출발하려는 로켓의 꼬리 부분에 작은 성냥으로 불을 붙여보면 쉽게 확인할 수 있다.

그 기구의 전체 충격량은 충격량 보존 원리에 의해 처음 상태 그대로 남으려고 한다. 이 경우에는 정확히 0이다. 로켓 시스템의 전체 운동량이 다시 0이 되려면 로켓은 가스 입자의 운동 방향과 반대로 움직여야 한다. 가스 입자는 질량이 아주 작지만 속도는 매우 빠르다. 반면 로켓의 속도는 가스 입자만큼 빠르지 않지만 질량이 훨씬 크다. 수치로 보면 로켓의 운동량과 가스에서 방출된 운동량은 같다. 단, 이것은 로켓과 가스의 방향이 다를 때만 그렇다. 처음에는 실용 탑재량을 포함한 로켓의 질량이 가스의 질량보다 훨씬 무겁다. 그래서 가스 입자가 로켓에서 적게 빠져나가고 운동량이 로켓에 많이 전달되지 않으므로 로켓이 매우 천천히 움직인다.

인공위성처럼 정말 규모가 크고 질량이 큰 로켓이 우주에 발사되는 과정을 관찰하면 쉽게 이해할 수 있다. 최첨단 기술의 집약체인 거대 로켓이나 우리의 유치한 송년 로켓이나 같은 원리로 작동한다. 이것을 역추진 원리라고 한다. 발사 무기로 강한 타격을 줄 때도 역추진 원리가 적용된다. 작은 총알 하나가 시속

1,000km 속도로 발사될 때 반대 방향에 동일한 운동량이 존재한다. 총알이 발사되기 전에 전체 운동량은 0이다.

다행히 나는 유리와 잉에게 지난해 감자 대포의 실패 원인을 조목조목 설명하면서 현재 상태로 로켓을 제작했다가는 썩은 내 나는 생선을 우리가 뒤집어쓰게 될 가능성이 높다는 사실을 말할 수 있었다.

# 실험

## : 증류주 로켓

파티에서 폭죽을 터뜨리려고 한다. 이때 여러분이 누군가에게 로켓의 원리를 설명하고 싶거나 설명해야만 하는 상황이라면 어떻게 하는 게 좋을까? 이런 분위기에 딱 맞게 주변에 있는 물건으로 간단하게 할 수 있는 실험이 있다. 실험 재료는 여러분이 신뢰해 마지않는 밀주 중 알코올 도수가 100도인 증류주와 작은 플라스틱 병(얇은 1회용 플라스틱 병이 가장 좋다)을 사용해도 된다. 플라스틱 병에 알코올을 가득 채우고 이리저리 흔든 다음 조심스럽게 비운다. 그리고 약간의 신선한 공기가 병 속에 들어갈 때까지 기다린다. 이렇게 하면 여러분이 친히 제작한

증류주 로켓이 완성된다! 가로로 눕혀놨던 병을 세우고 불꽃이 병마개에 닿으면 혼합물에 불이 붙고, 병마개에서 급 가열된 공기가 발사되면서 가벼운 플라스틱 병이 파티 공간을 가로질러 슝 날아간다. 여러분이 직접 만든 증류주 로켓 꼬리 부분에서 점화가 될 때 새어나오는 성냥 불꽃 때문에 손가락을 델 수도 있다. 100도 증류주로 가득 채워졌던 플라스틱 병이 빠른 속도로 공간을 질주할 때 위험한 상황이 발생할 수 있다. 주변에 로켓, 연소, 증류주에 대한 상식이 풍부한 사람 없이 혼자서는 절대 이 실험을 하지 마라!

유리와 잉에가 썩은 내 나는 생선을 채우려던 5개의 로켓 옆에 꼬마 로켓이 한가득 더 있었다. 잉에가 메고 있는 백팩 위로 로켓의 자루 부분이 삐죽 솟아올라 있었다. 우리는 유리와 잉에의 계획을 실행에 옮기기 위해 모든 것을 철저히 준비해놨다. 유리는 한때 서독의 적국이었던 동독의 방독면을 쓰고 스위스 나이프로 잔뜩 부풀어오른 수르스트뢰밍 캔을 땄다. 그는 우리가 빨래집게로 코를 제대로 막고 있는지 잠시 검사하더니 캔에 구멍을 뚫었다. 캔에 압력이 가해지면서 보글보글하는 소리와 함께 수천 년 묵은 듯한 썩은 내가 확 올라왔다. 빨래집게로 코를 꽉 집어놓아도 꼬릿꼬릿한 냄새는 스멀스멀 풍겨왔다. 죽음과 부패한 시신을 연상시키는 냄새가 구름처럼 몰려오자 마테스는 질식할 듯한 표정을 지었고, 톰은 망연자실하여 담배를 꼭 쥐고 썩은 내의 고통을 참느라 눈물을 찔끔거렸다. 월트 디즈니였다면 〈워킹 데드〉와 〈인어 공주〉 스토리를 섞어 영화화했을 테고, 수르스트뢰밍의 지독한 냄새는 이 영화의 완벽한 예고편이 되어주었을 것이다! 불사조 인어도 이보다 독한 냄새를 풍길 수는 없으리라!

잉에와 유리의 방독면은 빨래집게보다는 성능이 좋은 듯했다. 우리가 5개의 로켓을 준비하는 동안 발효된 생선 조각을 콘돔에 채우고 있던 두 사람은 인상을 찌푸리지 않기 때문이다. 우리의 로켓이 맞은편 거리에 사는 적들의 셰어하우스에 떨어져 터지려면 추가 동력이 필요했다. 우리는 조심스럽게 잉에의 백팩에 들어 있던 꼬마 로켓들에서 추진체를 제거했다. 그리고 이 추진체들을 5개의 로켓에 부착하고 가파 테이프*로 고정했다. 몇 밀리미터 간격으로 3개의 점화선이 있었지만 톰의 시가와 잉에의 담배 덕분에 동시에 불을 붙이는 데는 문제가 없었다. 모든 로켓에 추가 동력 장치 장착이 완료된 다음 우리는 장전 부위의 일부를 제거했다. 그리고 유리와 잉에는 우리에게 정신을 바짝 차리고 치명적인 물질이 들어 있는 콘돔을 로켓의 종이 파이프에 끼워 넣고 알록달록한 플라스틱 뚜껑으로 밀봉하도록 지시했다.

●　　보통 은색 천으로 만들어진 박스포장용 테이프 − 옮긴이

제임스 본드 영화에 나오는 악당들은 임무 수행 계획을 긴 말로 설명하지 않고 단박에 실행한다. 설계를 살짝 수정한 로켓이 수중에 쥐어졌을 때의 느낌이 이와 비슷하다고나 할까! 드디어 이날 저녁 전쟁을 끝장내고야 말 최후 반격에 나설 준비가 완료됐다.

그러나 톰에게는 아직 걱정거리가 하나 남아 있었다. 로켓의 비행경로에 보호벽이 있다는 것이었다. 그렇다면 우리를 안전하게 지켜주는 이 보호막을 날리지 않고 우리의 보복 무기를 어떻게 설치해서 방향을 맞추고 점화할 것인가? 유리는 기특하게도 이 부분까지 미리 생각해놓았다. 그는 보호벽 뒤에 눈을 쌓아 만든 작은 언덕에 로켓이 꽂힌 빈 샴페인 병을 비스듬히 묻은 다음, 우리 중 두 사람이 그의 신호를 받고 보호벽의 윗부분을 허물어뜨리는 동안 톰은 로켓에 점화를 하면 된다고 했다. "보호벽을 허물어뜨린다면 상대방의 로켓들이 우리 쪽으로 자유롭게 발사될 텐데? 이건 멍청한 짓이야!" 톰이 문제점을 지적하며 너무 위험하다고 흥분했다. 그는 아직 코에 집게를 꽂고 있던 탓에 애니메이션 〈마야〉에서 미지의 꽃밭으로 날아가는 마야처럼 코맹맹이 소리를 냈다. "그런 일은 절대 없어!!!" 유리는 방독면을 쓴 채 종이에 무언가를 끄적거리면서 우리의 스노 벙커를 주변과 대비시키며 노란 불빛으로 비춰주고 있는 가로등을 가리켰다. 우리는 상황을 접수했고 고개를 끄덕거리며 공격 개시 준비를 했다.

처음에는 모든 상황이 마치 도화선에 있는 듯 아슬아슬했다. 톰과 잉에는 언제든 운명의 로켓 발사가 가능하도록 담배를 로켓에 갖다댈 준비를 하고 있었다. 마테스와 나는 보호벽에 기대어, 맨손으로 우리의 '베를린 장벽'을 허물기 좋은 타이밍을 기다리고 있었다. 유리는 가로등으로부터 몇 미터 떨어진 장벽의 그늘 뒤에 쭈그리고 앉아 숨어 있었다.

우리는 초조해하며 출격 준비 태세를 취했다. 이웃에서 쉴 새 없이 터지던 불꽃이 잠시 잠잠해졌다. 유리는 두 걸음 뒤로 물러

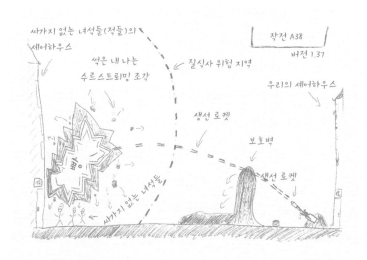

싸가지 없는 녀석들의 셰어하우스를 한방에 초토화시킬 잉에와 유리의 작전 A38.

나 우리에게 신호를 보냈다. 이때부터 모든 것이 슬로모션으로 진행되는 듯한 느낌이었다. 잉에와 톰은 첫 번째로 발사할 로켓 두 개의 도화선에 점화하고 두 번째 로켓으로 넘어갔다. 유리가 시작을 알리며 있는 힘껏 달려와 가로등을 끄자 칠흑 같은 어둠이 찾아왔다. 이 순간 톰의 시가와 잉에의 담배가 로켓에 떨어졌고, 마테스와 나는 야수처럼 보호벽의 덮개 부분을 허물어뜨렸다. 첫 번째 로켓 두 개는 비교적 조용하게 '피웅' 소리를 내며 발사됐고 우리 머리에 닿을락 말락 하다가 건너편 셰어하우스로 날아갔다.

그날 밤 전쟁은 5개의 로켓이 둔탁한 소리를 내며 거의 동시에 폭발하면서 끝이 났다. 처음에는 정적이 흐르다 온갖 신음과 비명, 켁켁거리며 숨을 헐떡이는 소리와 함께 "뭐야! 니들 정말 정신병 환자구나!"라는 말소리가 들려왔다.

아직도 나는 유리와 잉에의 미친 계획이 어떻게 성공할 수 있었는지 의문이다. 이 계획의 효과는 예상했던 것보다 컸다. 1월 어느 날 거리에 이삿짐 차가 서 있었는데 그날 이후 우리는 건너편 셰어하우스 사람들의 모습을 보지 못했다.

지금도 나는 송년의 밤이 되면 우리가 그때 조금만 더 나갔더라면 어떻게 됐을지 생각에 잠겨본다. 나는 쾰른가 우리 건물 2층

창문에서 오른쪽을 내려다볼 때마다 수르스트뢰밍이 흩뿌려졌던 흔적이 남아 있는 듯하여 나도 모르게 웃음 짓게 된다.

우리는 평생 기억에 남을 길거리 패싸움에서 승리했다. 우리에게는 충분히 많은 양의 화염 장치와 물을 발사하는 기구들이 남아 있었지만, 자축 파티는 길게 하지 않기로 했다. 독한 유황 냄새 속에서도 생선 썩은 내와 깊은 바다의 냄새는 사라지지 않고 두 가지가 섞인 이상한 냄새가 그 거리를 가득 메우고 있었다. 강렬한 불꽃놀이로 그 밤을 불사른 뒤 유리와 잉에는 어깨동무를 하고 유리의 똥차 주변을 빙글빙글 돌며 춤을 추었다. 우리는 남아 있는 꼬마 로켓을 밤하늘에 쏘아올리고 온기 가득한 셰어하우스로 돌아왔다. 셰어하우스에는 여전히 손님들이 있었고 파티 분위기는 점점 후끈 달아오르며 정점을 향해 가고 있었다.

7장.

# 흰색 칵테일은 만들 수 없다?

_색의 혼합과 틴들 효과

**셰어하우스 주방 : 새벽 3시 1분**

길거리 전쟁에서 압승을 거두고 금의환향한 우리는 여기저기 널브러진 빈병과 사람들로 붐비는 주방에 즉흥적으로 바를 만들어 옹기종기 모여 앉았다. 구석 뒤쪽에 놓인 대형 브라운관 TV에는 밥 로스*의 〈그림을 그립시다The Joy of Painting〉가 방영되고 있었다. 적당히 취해 살짝 지쳐 보이는 손님들의 무

---

• Bob Ross. 미국의 화가. 마르지 않은 물감 위에 다시 물감을 덧칠하는 「wet‐on‐wet 기법」을 소개하였고, 그림 교실과 그림 도구 판매 등의 비즈니스 활동을 했다. 우리나라에서는 1994년부터 EBS에서 〈그림을 그립시다〉가 방영된 이후로 유명해졌다 – 옮긴이

리가 소파 위에 벌러덩 드러누워 미 공군 출신의 밥 로스가 주격처럼 큰 붓과 단 여섯 가지 물감만으로 숲, 나뭇가지, 폭포 등 수천 가지 그림을 그려내는 모습을 시청하고 있었다.

밥이 대각선 길이 80cm인 텔레비전의 세계에서 프러시아 블루, 타이타늄 화이트, 반다이크 브라운 물감을 팔레트 위에서 섞고 있는 동안, 잉에는 바 테이블에서 블루 큐라소와 오렌지 주스, 패션 프루트 주스, 샴페인을 섞어 칵테일 '그린 위도우Grüne Witwe'를 제조하고 있었다. 잉에는 어렸을 때부터 아버지가 운영하던 각종 바와 술집 일을 자주 도왔기 때문에 쾰른 지방 고유의 맥주인 쾰슈Kölsch와 칵테일을 엄마 젖 빨듯 마시며 자랐다. 이런 성장 환경 때문에 그녀는 자전거에서 보조 바퀴를 떼기도 전에 필스 맥주 짜는 법을 마스터했다. 취했다고 해도 잉에는 술에 관해서라면 여전히 걸어다니는 백과사전이었다. 알코올, 주스, 얼음에 이러저러한 예술적 장식까지 그녀의 손끝만 닿으면 이국적이고 현란한 색채의 칵테일이 탄생했다. 이 거리 끝에 있는 부지런한 주유소 사장님과 뜻밖의 손님들이 떼로 몰려오는 바람에 파티 분위기가 무르익어갈수록 알코올음료를 선택할 수 있는 폭이 현저히 넓어졌다.

게다가 잉에의 칵테일 제조 실력은 시내의 웬만한 술집과 경쟁을 붙여도 될 정도로 훌륭했다. 그린 위도우에서부터 롱아일랜드 아이스 티, 좀비, 섹스 온 더 비치, 피나 콜라다, 화이트 러시안에 이르기까지 애주가들이 좋아하는 칵테일은 전부 갖춰져 있었다. 치열한 전쟁을 치르고 온 유리와 톰은 집 안을 한 바퀴 시찰했다. 지금 이 장소에 몰려 있는 사람들은 우리 바의 마지막 손님들이었다. 그중 중간 정도 길이의 머리, 창백한 피부, 약골로 보이는 체격에 흰색 가운 같은 셔츠를 입은 남자가 보였다. 존이라는 이 남자는 의심스런 표정을 지으며 15분 전쯤 잉에게 애플 마티니를 주문했다. 마테스는 로열 잉글리시 민트를 네 잔째 들이켜고 있는 중이었으나 아직 멀쩡해 보였다. 마테스가 벌떡 일어나 경례를 하며 유리와 톰에게 "동지들, 작전 성공!"이라고 큰 소리로 외치자 유리와 톰도 똑같이 오버하며 답례 인사를 했다.

갑자기 돌발 행동을 한 유리는 눈에 띌 정도로 비틀대고 있었다. 그는 강한 러시아 억양으로 말했다. "노동자 계급의 적인 제국주의자들은 우리를 공격하기 전 두 번 생각해야 할 것이다! 방어 전략이 필요할 테니……. 마테스 장군, 이것은 유일하게 옳은 결정이었다!" 톰은 살짝 웃음을 지었지만 얼굴은 이미 창백해진 상태였다. 그는 흥얼대는 동시에 담배꽁초를 질겅질겅 씹으면서 꼬부라진 혀로 "손발이 착착 맞아서 좋았어"라고 맞장구를 치며 바 쪽으로 가다가 휘청 기울었다. 마침 마테스가 넘어지려는 톰을 잡았고 바 옆의 소파 위에 짐짝처럼 던져놓았다. 톰은 종교 교사 생활을 하면서 동료들이 와인과 위스키에 애착을 느끼는 모습을 얼마나 많이 보아왔는지 모른다. 그런데 모두가 사랑하는 벌주 게임의 창시자인 톰은 이제는 도수가 높은 술을 잘 마시지 못했다. 대학 시절 톰은 식탁에서 정기적으로 마테스와 나한테 '성스러운 음주Holy Drinking' 게임을 하자고 부추기며 고주망태가 되곤 했었다. 사람들에게 널리 알려진 벌주게임으로 스머프 게임이나 제임스 본드 게임이 있다. 이 게임에서는 영화나 애니메이션 시리즈를 보다가 특정 단어나 문장이 나오면 게임 참여자 전원이 벌주를 마셔야 한다. 이 게임을 약간 변형시킨 것이 성스러운 음주 게임이다.

성스러운 음주 게임에서는 영화나 애니메이션 시리즈가 아니라, 미국의 근본주의 기독교 설교자 방송을 틀었다. 게임을 시작하기 전에 먼저 각 사람에게 배역이 주어졌다. 톰은 성부, 마테스는 성자, 나는 성령 역할을 맡았다. 이 게임에서는 자기가 맡은 역할의 이름이 나올 때 그 역할을 맡은 사람이 벌주를 마셨다. 설교자가 큰 소리로 외치며 설교하면 벌주 두 잔, 성도들이 아멘을 외치면 벌주 세 잔을 마셔야 했다. 하지만 성스러운 음주 게임이 스머프 게임이나 제임스 본드 게임보다 낫다고 생각하면 오산이다. 그렇게 생각하는 사람은 30분 정도 기독교 채널을 보면서 세 역할을 직접 해보라! 마테스와 나는 게임을 시작하고 20분이 지났을 때 나가떨어졌고 한때 주당으로 유명했던 톰은 몇 분이나 더 버텼다. 그는 약간 뚱뚱한 교육 공무원 지망생이었지만 지난해 공무원 시험을 위해 운동과 혹독한 다이어트를 하여 20kg 감량에 성공했다. 이제 그의 전설적인 주량은 사라지고 온데간데없다. 잉에는 오랫동안 술집에서 일해봤기 때문에 톰에게 맥주 한 잔을 더 먹이거나 칵테일을 섞어 마시게 하면 안 된다고 극구 말렸다. 지저분했지만 영광스러운 승리를 위해 모두가 건배를 하는 순간 톰은 버진 다이키리*를 마시지 않을 수 없었다.

알코올이 들어 있든 없든 간에 모든 칵테일에는 공통적인 특징이 있다. 당 함량이 높은 것을 특징으로 꼽을 수도 있겠지만 칵테일의 외형이 사람들의 시선을 사로잡는다는 점이다. 특히 일부 칵테일의 색 내기 기법은 물리학에서도 관심이 많은 분야다.

일단 쉬운 예부터 시작해야 하니 우리 할머니의 무덤 이야기로 다시 돌아가자. 이 책의 첫머리에서 나는 어린 시절 할머니 무덤 앞에 있던 헐값 디자인의 무덤 램프 덕분에 물리학의 매력을 발견했다고 했다. 그때 나는 빛의 특성 중 몇 가지를 설명했다. 우리

---

●   Virgin Daiquiri, 럼주를 넣지 않아 알코올 성분이 없는 칵테일, 럼주 대신 탄산수를 섞는다 - 옮긴이

눈이 백색으로 인식하는 빛은 사실은 백색이 아니라 무지개 빛깔이 전부 중첩된 결과다. 정확하게 말하면 우리 눈에 백색 인상을 전달하기 위해 일곱 가지 무지개 빛깔을 전부 사용할 필요는 없다. 앞에서도 언급했듯이 빨간색, 초록색, 파란색만 제대로 조합되어도 충분하다. 우리 눈에는 이 세 가지 색을 인식하는 색 수용체(추상체)만 있기 때문이다.

색 수용체의 흡수 극대*, 쉽게 말해 특히 강한 자극을 받는 파장의 길이가 파란색은 455nm(나노미터), 초록색은 535nm, 빨간색은 570nm다. 이것을 각각 단파장, 중파장, 장파장이라 하는데, 인간의 가시 영역에 있는 빛의 파장 길이가 흡수 극대 사이에 있으면, 즉 이 셋 중 두 파장이 흡수 극대 근방에 있을 때 두 파장은 모두 약하게 자극을 받는다. 바로 이때 중첩 현상이 일어난다. 우리 눈이 지각할 수 있는 모든 색은 이 세 가지 색 수용체의 중첩 자극으로 말미암아 생긴 것이다.

●   absorbtion maximum, 흡수 강도가 흡수대 중에서 극대가 되는 파장
　　 ─옮긴이

# 내가 만든
# 오색찬란한 빛깔의
# 칵테일

일단 칵테일의 색 혼합에 대해 좀 더 자세히 알아보자. 우리가 지금까지 배운 이론대로라면 빨간색, 초록색, 파란색을 혼합하면 백색이 된다. 우리 눈의 모든 수용체가 그만큼 강한 자극을 받기 때문이다. 하지만 아마추어 바텐더라도 알 것이다. 붉은색 과일 시럽, 초록색 선갈퀴 술, 블루 큐라소를 섞으면 하얀 칵테일이 되지 않고 아마 아름다움과는 거리가 먼 거무튀튀한 죽이 된다는 사실을. 어린 시절 누구나 유치원에서 이런 경험을 해봤을 것이다. 물론 그때는 술이 아니라 물감으로 색 혼합을 해봤을 테지만 말이다. 이렇게 된 이유는 앞에서 잠시 언급한 색 혼합의 종류에서 찾을 수 있다. 색 혼합에는 이론적으로 두 종류가 있는데, 하나는 가산혼합이고 다른 하나는 감산혼합이다.

다양한 색의 빛, 즉 서로 다른 색의 조명 램프를 한 곳에만 비춰보자. 이 경우에는 모든 램프가 스펙트럼의 일부를 흡수하고 각 색상, 이른바 파장의 길이가 총 스펙트럼에 더해지기 때문에 가산혼합이라고 한다. 빨간색, 초록색, 파란색 램프를 한 곳에 비춰주면 우리 눈에서는 이것을 백색 이미지로 인식한다. 이 현상은 주로 빨간색, 초록색, 파란색 LED가 설치되어 있는 최신 무대 조명에서 잘 관찰할 수 있다. 이 빛들이 혼합되어 무대에서는 백색으로 비춰진다. LED는 높은 효율 외에도 조명으로서 또 다른 장점이 있다. LED 조명을 사용하는 방법에 따라 백색 이외에도 다른 색을 만들어낼 수 있다. 우리가 다양한 광원을 가지고 놀 때 가산혼합은 항상 한 가지 역할만 한다. 즉 가산혼합은 백색 이미지를 인식하는 역할만 담당한다. 따라서 일상생활에서 가산혼합보다는 감산혼합이 하는 역할이 더 많다.

감산혼합은 우리 주변의 물질을 색으로 인식하는 역할을 한다. 감산혼합이라는 이름에서 이미 추측할 수 있듯이 감산혼합은 우리가 무언가를 잃을 때 일어나는 현상이다. 이 책의 앞부분에서 설명했듯이, 햇빛은 전자기electromagnetic 스펙트럼 중 가시 영역에서 연속 스펙트럼을 가지고 있다. 즉 햇빛에는 모든 길이의 파장이 있기 때문에 우리는 가시 영역에 속한 색을 한 번에 다 볼 수 있다. 이 빛이 색깔이 있는 표면에 도달하면 이 색에만 해당하는 영역이 반사되고 우리는 이것을 색으로 인식한다. 더 이상 우리 눈의 모든 수용체가 같은 강도로 자극되지 않기 때문이다. 예를 들어 우리 눈에 빨간 사과는 빨간색으로만, 노란 레몬은 노란색으로만 인식된다. '백색'광 중 빨간색과 노란색에 해당하는 영역을 제외한 다른 영역들은 반사되지 않고 흡수되기 때문이다.

레몬에 대해 좀 더 자세히 살펴보도록 하자. 레몬의 경우 백색광 중 파란색에 해당하는 영역은 흡수되고 초록색과 빨간색 영역은 반사되기 때문에 우리의 눈에는 선명한 노란색으로 보이는 것이다. 우리 눈에서 빨간색과 초록색 수용체가 자극되면 우리 눈에는 노란색 이미지가 생성된다. 정말인지 궁금하다면 간단한 실험을 통해 확인할 수 있다. 노란색 레몬을 빨간색, 초록색, 파란색 광원 아래 두고 관찰해보자. 레몬을 초록색이나 빨간색 조명 아래에 두면 레몬은 초록색 혹은 빨간색처럼 보인다. 그런데 레몬을 파란색 조명 아래에 두면 레몬은 검은색 혹은 흑갈색처럼 보인다. 파란색 빛의 대부분이 레몬의 표면에 흡수되었기 때문이다.

그러니까 백색광의 어떤 영역이 표면에서 흡수되고 우리 눈에 도달하지 않는지에 따라 물체의 색깔이 정해진다. 이러한 지식이 머릿속에 있으면 왜 어린 꼬마들이 수채화 물감을 아무리 열심히 섞어도 흰색을 만들 수 없는지 쉽게 이해할 수 있을 것이다. 그리고 좀 더 밝은 색깔을 만들려면 불투명한 흰색에 의존할 수밖에 없다. 그림물감 상자에 들어 있는 색은 전부 감산혼합을 통해 만들어진 것이다. 전구나 LED와 같은 광원과 달리 감산혼합에서는 빛의 특정 영역만 반사시키고 스스로 빛을 낼 수 없다.

그림물감 상자에 있는 노란색에는 색소가 포함되어 있다. 그래서 색소의 작은 입자들이 레몬의 표면처럼 빛의 파란색 영역을 흡수한다. 이제 파란색 물감을 넣어보자. 파란색 색소에 의해 백색광의 빨간색 부분이 흡수된다. 그리고 초록색 부분은 그대로 남아 있다. 그림물감 상자의 색소를 많이 섞으면 섞을수록 서로 만나는 빛들이 점점 더 많이 흡수되고 점점 더 적게 반사된다. 따라서 색을 많이 섞을수록 점점 더 어두워지고 나중에는 표면의 빛을 아예 반사하지 못하는 상태가 된다.

# 실험

## : 셰이크 잇, 베이비!

         다양한 색깔의 알코올음료를 혼합하면 칵테일에 넣는 새로운 색의 액체 중 일부는 빛에 흡수되기 때문에 우리 눈에 이 색이 더 이상 보이지 않는다. 그래서 다양한 색깔의 알코올음료를 혼합하여 흰색 칵테일을 만들 수 없는 것이다.

  주말마다 술독에 빠져 살거나 술 좀 마셔봤다는 독자들은 말도 안 된다고 반발할지 모른다. 우유나 라키Raki나 우조Ouzo 같은 아니스 술*을 베이스로 하고 다양한 알코올음료를 섞어서 만든 흰

    ●   지중해 지방에서 나는 미나릿과 식물인 아니스Anise 향을 주 향료로 하

색 칵테일을 마셔봤는데 무슨 소리냐고 말이다. 물론 이들의 주장이 틀렸다고만 볼 수는 없다. 물리학의 색 혼합에서 말하는 흰색과 우유나 아니스 술의 흰색은 다른 것이다. 가령 우유의 흰색이 형성되는 과정은 전혀 다르다. 우유에 함유된 지방이 작은 고체 입자 상태로 존재하는데 이것이 우유 속에 둥둥 떠다니면서 우유 표면에 모인 모든 빛(모든 파장)이 사방으로 산란되어 생긴다. 그래서 우유의 색이 불투명해지고 우리 눈에 흰색으로 보이는 것이다. 이렇게 고체를 이루고 있는 아주 작은 입자들이 산란되는 현상을 틴들 효과Tyndall effect라고 하며 이 현상을 처음으로 발견한 물리학자 존 틴들John Tyndall의 이름을 따서 붙여졌다.

아니스 술을 물과 혼합하면 흰색으로 변하는 것도 틴들 효과 때문이다. 이 경우에도 빛이 아주 작은 물방울 위에서 여러 번 분해되어 사방으로 산란된다. 그렇다면 아니스 술을 물과 섞었을 때 생기는 방울은 대체 무엇이며 이런 방울이 생기는 이유는 무엇일까?

아니스 술에는 우유처럼 지방 성분은 없지만 감초와 비슷한 맛을 내는 오일이 첨가되어 있다. 이 오일은 알코올에서는 잘 녹지만 물에서는 잘 녹지 않는다. 우리가 마시는 아니스 술, 즉 알코올

는 달콤한 리큐어 - 옮긴이

과 알코올에 잘 녹는 아니스 오일의 혼합물에 물을 첨가하면 알코올이 희석된다. 이렇게 희석된 알코올에서 아니스 오일은 잘 녹지 않으려 한다. 이때 아니스 오일이 일정한 크기의 작은 방울로 분해되는데 빛에 비춰보면 우유의 지방 방울처럼 보인다. 아니스 술에 물을 더 넣었을 때 흰색으로 변하는 이유는 희석된 알코올에서는 아니스 오일의 수용성이 약해지기 때문이다.

지금까지 배운 내용을 정리해보자. 색 혼합으로는 흰색 칵테일을 만들 수 없다. 물론 물리학 지식을 동원하여 흰색 칵테일을 만들 수는 있겠지만, 이것은 색 혼합이 아니라 틴들 효과에 의한 것이다.

# 둥근 형태의 크기는
# 가늠하기 어렵다

　　　　　　잘난 척을 좀 하고 싶을 때 써먹기 좋은 과학
상식이 있다. 내가 이론물리학 3학기 때 교수님께 배운 것인데,
(슈렉켄베르크 교수님 감사합니다!) 사람은 둥근 형태의 크기를 구분
하는 능력이 매우 떨어진다고 한다. 나는 이렇게 훌륭한 이론물
리학 개론 강의를 듣고도 머릿속에 많은 것을 남겨두지 않았다는
사실이 후회스러웠다. 하지만 이것은 내가 이 강의에서 배운 것
중 가장 매혹적이고 유용한 정보였다. 이 고급 정보 덕분에 나는
술내기에서 맥주 한 박스를 땄다.

　　그 시절로 잠시 돌아가보겠다. 내가 마테스와 안면을 튼 지 얼

마 안 되었을 때의 일이다. 톰, 마테스, 나 세 사람은 햇살 가득한 오후, 길거리 끝에 있는 야외 호프에 앉아서 대학에서 실용적인 지식을 배울 수 있는지 이야기를 나누고 있었다. 그때 나는 마테스에게 사람은 둥근 형태의 크기를 정확하게 가늠하지 못한다는 교수님의 주장을 잠시 언급했다. 내기라면 사족을 못 쓰는 영국 남자 마테스는 교수님의 주장이 틀렸다는 사실을 증명하려고 했다. 그래서 나는 와인 잔, 마티니 잔, 손잡이가 달린 맥주 컵을 마테스의 코앞에 갖다 줬다. 그리고 세 가지 중 윗면의 둘레가 높이보다 더 큰 것과 뭔가 달라 보이는 것을 골라보라고 했다. 마테스는 마티니 잔의 둘레만 높이보다 크다고 했다. 결국 마테스는 이 내기에서 졌고 나는 한자 필스 맥주 한 박스를 따서 술 부자가 되었다.

사실 시중에 판매되는 와인 잔, 마티니 잔, 맥주 컵은 일정한 비율의 윗면 둘레 길이와 높이로 제조된다. 사람들은 처음에는 이 말을 전혀 믿지 못한다. 그러나 거의 모든 컵의 치수가 이 기준을 충족한다. 손잡이가 없는 바이첸비어Weizenbier, 밀맥주 잔뿐만 아니라 손잡이 달린 맥주 컵도 윗면의 둘레가 높이보다 최소 10cm 길다. 심지어 길쭉한 모양의 샴페인 잔도 마찬가지다.

인간은 거리의 차이는 잘 구별하지만 넓이의 차이는 잘 모른다. 학자들은 고대인들이 수렵이나 채집 생활을 하며 살았기 때문에 넓이를 가늠하는 능력을 발달시키지 못했을 것이라 추측한다. 이를테면 음식이 담긴 접시를 받고 다른 사람에게 건네줄 때 거리가 짧을수록 생존에 유리했다. 따라서 거리 감각은 생존과 직결되어 있었다.

다음에 호프집이나 바에 가면 유리잔의 둘레와 높이의 비를 냅킨이나 실로 한번 재보기 바란다. 냅킨이나 실이 없으면 여러분의 손을 이용해도 된다. 유리잔의 윗면은 여러분의 손바닥으로도 충분히 가릴 수 있는 크기다. 하지만 유리잔의 높이는 대개 여러분의 손 길이보다 길다. 이런 경우에는 한 뼘씩 재면 된다. 칵테일 색깔과 유리잔의 형태에 대해 공부 좀 했으니 정점을 향해 가는 송년파티 얘기로 다시 돌아가기로 하자.


자발적으로 선택한 휴식 장소는 아니었으나 톰은 그곳에서 잠시 쉬면서 술을 깼다. 그러고는 비틀거리면서 일어나 무알코올 칵테일 옆에 있는 바에 기댄 채 주머니를 뒤져 담배 하나를 꺼냈다. 그날 밤 우리는 대 격전을 치르고 평화롭게 새해를 맞이하려던 중이었다. 그래서 퀼른가의 영광스런 마지막 전투의 작전 성공을 축하하기 위해 한 번 더 축배를 들려던 참이었다. 짠! 하고 잔을 부딪친 순간 마치 우리가 뭔가 잘못 생각했다는 것을 암시하듯 와장창 깨지는 소리가 났다. 처음에 나는 건배를 하면서 잔 하나가 깨진 것이라 생각했다. 그런데 또 한 번 와장창 깨지는 소리가 났고 불길한 예감에 나는 멈칫했다.

이어 부르릉 하는 소리가 집 안을 가득 메웠다. 희미하게 타오르는 가로등 불빛이 쫙 퍼지며 마지막 의심이 사라졌다. 시끄럽게 부르릉거리는 소리는 오늘 오후부터 우리 셰어하우스 정원을 차지하고 있던 디젤 발전기가 돌아가는 소리였다. 순간 머릿속을 스치고 지나가는 것이 있었다. 이반과 그의 동료들이 호의에 가득 찬 눈빛으로 유리와 함께 우리 집 다락방에서 현관까지 설치했던 수많은 검은색 박스와 수 킬로미터에 달하는 케이블이었다. 우리가 어리둥절한 표정을 짓자, 유리는 태어나서 처음으로 초콜릿을 먹어보는 어린아이처럼 천진난만한 미소를 지으며 소파 밑에서 악기 가방을 꺼내더니 계단 위로 쏜살같이 올라갔다.

나를 포함하여 모두가 유리 뒤에 서서 가슴 졸이며 잉에를 뚫어져라 쳐다봤다. 잉에는 바 뒤에서 당황한 표정으로 어깨를 으쓱하며 말했다. "유리와 이반은 새해 기념으로 세레나데를 연주하려고 해…….. 그래서 유리가 특별히 클라리넷을 준비한 거야."

유리는 숱하게 많은 밤 우리와 플레이스테이션에서 '기타 히어로Guitar Hero'와 '싱스타SingStar' 게임을 하면서 어렸을 때 아버지에게 클래식 악기를 배웠다고 말하곤 했었다. 유리가 아주 먼 친척뻘이기는 하지만 러시아 차르 가문 혈통이라고 했는데 정말로 귀족의 피가 흐르고 있긴 한가 보다. 아무튼 유리의 이야기에는 뻥이 많이 섞여 있었으나 눈곱만큼의 진실은 있었다.

잠시 주저하더니 유리는 셰어하우스의 맨 위층으로 올라갔다. 2층의 변기 물탱크에는 어마어마하게 많은 양의 접착테이프로 이어 붙인 수 미터의 PVC 관과 각종 호스가 과하게 큰 비어봉* 모양으로 1층과 연결되어 있었다. 우리는 2층의 변기 물탱크를 지나 드디어 맨 위층에 도착했다. 이때 기이한 형상이 우리 눈에 들어왔다. 반 대머리를 초록색으로 염색한 그 사내는 물탱크에 한 자 맥주 박스의 마지막 잔을 붓고 1층에서부터 덕후들의 갈채 소리와 "물을 내려!"라고 외치는 소리에 맞춰 물 내리는 버튼을 누르고 있었다. 다양한 능력을 가진 사람들이 만나 새롭고 전혀 예상치 못했던 가능성을 찾았을 때, 그 장소가 노동 현장이었더라면 이것을 시너지라고 했을 것이다.

우리가 다락방에 도착했을 때 더 많은 케이블이 두꺼운 줄기처럼 아래로 늘어뜨려져 있었고 사람들이 웅성거리며 계단 위를 올라오고 있었다. 다락방에서 우리는 유리의 세레나데 전곡 연주를 볼 수 있었다. 이틀 전만 해도 낡아빠진 소파, 작은 테이블, 빨래 건조대가 있던 그 자리에, 지금은 너무 밀집되어 있기는 하지만

●    Beer Bong, 많은 양의 맥주를 빠른 시간에 마시도록 만든 호스 - 옮긴이

북부 독일 슐레스비히홀슈타인주의 바켄Wacken 공연과 비슷한 이미지를 연출한 무대가 있고 그 옆에 박스로 만든 거대한 벽과 증폭기가 있었다. 방 한가운데에는 나이트클럽의 반짝이 조명이 외로이 천천히 돌아가고 있었는데, 거울이 너무 조금 달려 있어 반짝이 조명이라는 이름값을 제대로 하고 있지 못했다.

마찬가지로 다락방의 들보에 여러 개의 박스가 쌓여 있고 둔탁하게 부르릉거리는 소리가 들려왔다. 믹싱기 옆의 다락방 뒤편에는 효과를 내는 조명과 레이저가 있고 흥에 겨운 군중이 화려한 색채의 바다로 뛰어들었다. 레이저쇼에서 제대로 효과를 발휘한 연기는 원래 안개기계로 만들려 했던 것인데 갑자기 전기가 타버리는 바람에 오른쪽 뒤편에서 마리화나 흡연자들이 물 담배를 피워 만들었다.

이런 황당한 상황에 대해 나는 더 이상 할 말이 없었다. 내가 수르스트뢰밍 돌발 사태를 치렀다고는 하지만 이 상황이 두렵지 않은 것은 아니었다. 이때 나는 화재나 소란 같은 것을 걱정해야 했지만, 너무 취한 바람에 무감각해진 채 설레는 마음으로 공연을 기다리고 있었다.

8장.

# 갈라 공연을 즐기며

_이상기체 모델

**다락방: 새벽 3시 14분**

정확하게 새벽 3시 14분이었다. 더블 베이스와 웅성거리는 사람들의 무리 뒤에서 드럼 스틱이 짧고 강렬하게 드럼을 세 번 내리쳤다. 지옥이 따로 없었다! 처음에 폭탄이 터지는 듯한 굉음이 한 번 울리고 이후 분위기는 잠잠해지지 않았다. 서서히 악기 소리가 들려오기 시작했다. 유리는 고래고래 소리 지르는 이반의 고함 소리에 맞춰 이상한 전자음으로 개조한 클라리넷을 연주했다. 둘 다 웃통을 벗어던지고 야수처럼 무대 위를 종횡무진하며 청중들에게 껑충껑충 뛰라고 분위기를 띄웠다.

　　이반, 유리, 그의 동료들은 다락방 공연에 혼신의 힘을 다했다.

펑크, 하드코어, 러시아 민속 음악이 잘 어우러졌고 청중들의 절반이 목이 터져라 합창을 했다. '구역질나는 토끼'는 이름값을 제대로 했다. 청중들은 크게 환호하고 노래를 따라하며 "르베트 크롤리치카"를 외쳤다. 수년 전 유리가 당시 스포츠 여교사에게 자신의 순결을 잃었다는 가사로 시작되는 네 번째 곡 첫 음이 나올 때 나는 마테스를 다시 찾았다. 첫 곡이 나올 때 나는 요동치는 군중들의 무리에 휩쓸려 마테스를 놓쳤었다. 그런데 마테스는 청중들에게 돌진하려고 무대 옆 양쪽에 쌓아놓은 박스 더미 중 한쪽 위에 올라가 있었다. 그 모습을 본 톰이 내 귀에 대고 큰 소리로 "내일 아침 맛있는 케이크를 먹을 수 있겠네"라고 말했다. 엘리자베스 타워의 빅벤 시계가 정확하게 정오를 알리듯 마테스의 내면의 시계도 영업 종료 시간을 울리고 있었다. 그때까지 말짱했던 영국 신사 마테스는 1초도 안 되어 몸을 못 가눌 정도가 되어 청중들이 둥글게 모여 춤추고 있는 모쉬핏Moshpit 한가운데를 덮쳤다.

# 헤비메탈 콘서트에서, 모쉬핏과 써클핏

　　　　　모쉬핏이라는 개념을 가지고 무슨 할 얘기가 있느냐고 묻는 사람이 있을지 모른다. 미리암웹스터 사전에서는 모쉬핏을 다음과 같이 정의하고 있다.

　　모쉬핏(명사): 록 콘서트 무대의 앞부분으로, 사람들이 신체의 움직임을 매우 강조하며 격렬하게 춤을 추는 장소

　　좀 더 쉽고 솔직하게 말하면, 이 모든 것은 춤과는 큰 관련이 없다. 그보다는 일반적으로 존재하지 않는 리듬감, 그리고 가능한

한 모든 신체를 이용하여 몸을 움직이고, 주변 사람들을 최소한으로 배려하며, 자신의 신체에 손상이 가는 것에 점점 신경 쓰지 않는 분위기와 관련이 있는 표현이다.

사람들은 장애물과 충돌하여 자발적 혹은 비자발적으로 방향을 전환하기 전까지는 최대한 소리가 크고 템포가 빠른 음악이 들려오는 방향으로 질주한다. 밖에서 구경하는 사람들의 눈에 이들은 정신 나간 사람처럼 보인다. 하지만 맥주 한두 잔을 걸치고 분위기에 맞는 음악이 나오면 상당한 재미를 느낄 수 있다. 다음 날 몸 곳곳에 푸르뎅뎅한 멍이 보인다⋯⋯. 모쉬핏의 분위기는 무질서하고 엉망으로 흘러가는 듯하지만 사람들이 느끼는 첫 인상과는 달리 그렇게 무질서한 것만은 아니다. 사실 거칠고 격렬한 콘서트에서 사람들은 주변 사람들을 조금씩 배려하기 때문에 심각한 부상자가 발생하는 경우는 극히 드물다.

대형 콘서트에서는 일종의 우발적인 집단행동이 나타날 수 있는데, 이러한 집단적이고 무질서한 움직임이 모쉬핏에서도 발생할 수 있다. 이러한 무질서한 움직임은 자연과학자로서 충분히 관심을 가질 만한 주제다. 이런 일은 학부 과정 때 자주 겪어 너무 잘 알고 있는 특성이기 때문이다.

2013년 미국 코넬대학교 물리학 연구팀에서 객관적인 물리학 이론을 바탕으로 모쉬핏에서 인간의 행동을 관찰했다. 이렇게 탄생한 「헤비메탈 콘서트의 모쉬핏과 서클핏*에서 나타나는 인간의 집단행동」이라는 제목의 창의력 넘치는 논문은 권위 있는 과학 전문지 《피지컬 리뷰 레터스》에 실렸다.**

이 연구를 위해 학자들은 여러 편의 헤비메탈 콘서트 유튜브 영상을 분석하고 영상 자료에서 각 사람들이 움직이는 속도를 조사하기 위해 카메라 각도와 흔들림 상태를 수정했다. 그리고 이들은 모쉬핏에서 사람들의 행동을 단순한 열역학 모델로 시뮬레이션하여 나타냈다.

물리학자들이 가장 좋아하는 모델 중 하나가 이상기체*** 모델이다. 열역학 영역에서 아주 단순하면서도 효과적으로 모델을 표현할 수 있기 때문이다. 이상기체 모델에서 기체는 눈에 띄게 팽창하지 않고 같은 종류의 입자로 구성되며, 이 입자들은 무질서하게 분리되어 사방으로 흩어진다. 상호작용은 완전 탄성 충돌 혹은 제한된 공간의 벽에 대해서만 일어난다. 그러니까 큰 공간의 부피만큼 가스가 가득 채워졌다고 생각하면 이해하기 쉽다.

---

- Circlepit, 관객들이 음악에 맞춰 큰 원을 그리며 펄쩍펄쩍 뛰거나 머리 위로 주먹을 휘두르는 행위 – 옮긴이
- 제시 L. 실버베르크, 매튜 비어바움, 제임스 P. 세타나, 이타이 코언, 《피지컬 리뷰 레터스》 110호, 228701, 2013.
- ideal gas, 구성 분자들이 모두 동일하며 분자의 부피가 0이고 분자 간 상호작용이 없는 가상의 기체 – 옮긴이

이 공간에서 수백 개의 탁구공이 무중량 상태로 무질서하게 날아다니고 탁구공끼리 충돌하거나 벽이나 바닥 혹은 뚜껑과 충돌하고 있다고 하자.

이상기체는 물리학적으로 단순화했기 때문에 이해하기 쉽지만 엄밀히 따지면 정확하지는 않다. 하지만 이것을 통해 열역학의 물리량을 단순 명쾌하게 설명할 수 있으므로 유용한 모델이다. 이 모델에서 가스의 온도는 모든 입자의 평균 속도에 영향을 미치고(일부는 매우 빠르고 일부는 매우 느리다), 가스의 압력은 벽과 같은 평면에 일정 시간 동안 전달된 충격량에 영향을 준다. 가스의 온도가 상승하면 입자의 평균 속도도 증가한다. 부피가 동일한 경우 일정 시간 동안 서로 반대 방향으로 움직이며 벽에 부딪치는 입자의 수가 증가함으로써 압력이 상승한다.

이상기체 모델에서 도출할 수 있는 상관관계 중 많은 것들은 우리가 직감적으로 아는 것이다. 일상에서 끊임없이 이런 상황에 자주 노출되기 때문이다. 예를 들어 통조림 캔이 밀폐된 공간의 부피를 의미한다고 하자. 이때 통조림 뚜껑을 열지 않고 코펠에 가열하는 것은 안 좋은 생각이라는 것을 대부분의 사람은 알고 있다. 물론 이상기체를 통조림의 내용물이라고 했을 때, 건전한 이성을 지니고 있는 사람이라면 통조림을 가열하면 압력이 상승하여 언젠가 뻥 소리를 내며 폭발해서 내용물이 공중 분해될 것이라고 답할 것이다. 통조림 속에 들어 있는 물질이 이상기체와 유사한 조건을 가지고 있는 경우는 극히 드물다. 이 점은 나도 인정한다. 하지만 부피, 압력, 온도의 물리적 상관관계를 이만큼 명쾌하게 이해할 수 있는 모델도 없다.

아주 작은 구슬들로 표현한 놀랍고도 간단한 모델에서, 이 구슬들은 공간에서 온도 변화에 따라 빠르거나 느린 속도로 무질서하게 날아다닌다. 여러분이 고급 수학을 잘 이해하지 못해도, 아니 하다 못해 단순한 수학 지식조차 없어도 대부분의 경우 가스와 같이 물리적으로 아주 복잡한 계system를 충분히 설명할 수 있다.

구슬 모델에서는 구슬들이 선택의 여지없이 다양한 속도로 사방으로 움직이고 다른 구슬들과 서로 충돌하거나 벽과 충돌한다. 여러분 가운데 혹시 이 부분이 거슬린다고 생각한 사람은 없는가? 실제로 이 부분은 콘서트의 모쉬핏에서 보이는 사람들의 행동과 어긋난다.

그래서 코넬대학교 물리학 연구팀은 콘서트 관객의 속도 분배와 관련하여 콘서트 비디오를 분석했다. 연구팀은 이상기체 모델을 통해 얻은 데이터를 기반으로, 가상의 모쉬핏 관객을 컴퓨터로 시뮬레이션하여 '모쉬핏'이라는 시스템을 단순한 모델로 나타내고 수치화할 수 있는지 확인해보았다. 시뮬레이션을 위해 연구팀은 콘서트 관객들을 두 유형으로 구분했다. 하나는 실제로 오

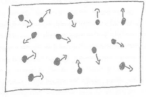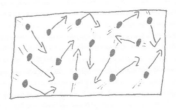

더 차가운 가스 = 더 낮은 압력                  더 뜨거운 가스 = 더 높은 압력

왼쪽의 차가운 가스 입자들은 중심부에서만 천천히 움직인다. 반면 뜨거운 가스 입자들은 중심부에서 아주 빠른 속도로 움직인다.

랫동안 한 방향으로만 움직이다가 다른 관객과 충돌하면 방향을 바꾸는 적극적인 유형이고, 다른 하나는 다른 관객과 충돌하지 않기 위해 한 장소에만 머무르려는 소극적인 유형이다.

헤비메탈 공연이라고 가정했을 때 가상의 모쉬핏 관객 중 150명은 적극적이었고 350명은 소극적이었으며, 2차원 공간에서는 오로지 자신에게만 몰두했다. 단순한 가정을 바탕으로 한 시뮬레이션이 콘서트 관객의 행동을 비슷하게 모사했다는 점에서 놀라운 연구 결과였다.

실제 헤비메탈 공연처럼 시뮬레이션에서도 충분한 시간을 두고 적극적인 관객과 소극적인 관객이 분리되었다. 적극적인 관객은 소극적인 관객에게 둘러싸여 공간의 중심부에 원형을 이루며 모여 있었다.

이 모델로 평범한 모쉬핏뿐만 아니라 다소 과격한 메탈 콘서트나 하드코어 콘서트의 모쉬핏에서 보이는 사람들의 행동도 나타낼 수 있다. 학자들은 집단행동의 척도를 나타내는 방정식의 파라미터에 살짝 변화를 주어 콘서트 관객 한 사람이 이웃한 사람에 대해 보이는 행동의 성향을 나타냈다. 그리고 원래 무질서한 모쉬핏을 질서 있는 소용돌이 구조, 소위 서클핏으로 변형시켰다. 연구팀의 분석 결과, 서클핏의 95%는 반시계 방향으로 돌고 5%만 시계 방향으로 돌았다. 그 이유에 관한 연구는 아직 충분히 이뤄지지 않았다. 다만 대다수의 사람들이 오른손잡이 내지 오른발잡이이기 때문에 반시계 방향을 선호하는 것이라 추측하고 있다.

내가 가진 정보로는 다락방 공연 현장에서 마테스가 돌진했던 곳이 모쉬핏인지 서클핏인지 명확하게 구분할 수 없다. 몸짓을 강조하는 춤이 어떤 형태인지 상관없다. 마테스가 광란의 무대를 덮쳤을 때 무대를 빼곡히 메운 사람들은 손을 뻗어 마테스를 잡아주기보다는 기분과 음악에 맞춰 움직이고 있었다.

규칙적인 모쉬핏에 들어가 춤을 춰본 사람은 콘서트가 끝난 후 삭신이 쑤시지 않을 리 없다는 걸 안다. 모쉬핏에서 천천히 움직

콘서트

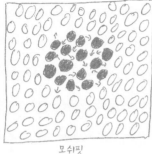

모쉬핏

● : 적극적인 모쉬핏 관객

◯ : 소극적인 모쉬핏 관객

⟶ : 운동 방향

(모쉬핏의 둥근 형태에 있는 사람들의
움직임을 보면 각자가 따로 놀고 있다).

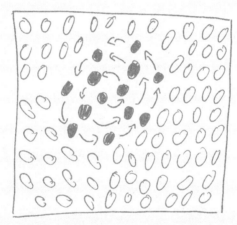

서클핏

시뮬레이션의 파라미터를 보고 연구자들은 적극적인 관객과 소극적인 관객이 분
리되는 현상뿐만 아니라 서클핏이 형성되는 현상을 설명할 수 있다.

였든 무대 옆 박스를 와르르 무너뜨리며 돌진했든 간에 결과(푸르 뎅뎅한 멍의 개수)는 매한가지다.

원년 멤버 유리가 함께한 '구역질나는 토끼'의 공연은 송년파티에서 정점을 찍었다. 하지만 박수칠 때 떠나야 한다고 하지 않는가.

콘서트의 시작을 알리는 드럼 소리가 세 번 울리고 66분 후쯤 경찰이 출동하여 공연을 즉시 중단할 것을 요청했다. 이반은 공연을 계속하고 싶은 마음에 돈과 보드카를 주며 대놓고 경찰을 회유했으나 송년의 밤에도 변함없이 무기력한 공무원의 기분을 돌려놓지는 못했다.

정확하게 어떤 이유로 파티가 이상한 방향으로 흘러갔는지 모른다. 아무튼 새벽 5시 무렵 공권력이 개입하면서 우리의 공연은 결국 중단되었다. 이후의 일에 대해서는 아무 할 말이 없다. 여러분도 한번 검색해보기 바란다. 단순 '소란'과 푹 썩힌 생선 통조림으로 공분을 일으킨 것이 문제일까, 아니면 리드미컬한 더블 베이스와 엄청난 음향으로 지붕의 벽돌 세 개가 이웃집 차 위에 떨어져 흠집을 낸 것이 문제일까? 어느 쪽이 더 심각한 죄인지는 모르겠으나 그날 밤 공연이 타인의 의지로 중단되면서 우리의 전설적인 송년파티도 끝났다. 쾰른가 13a에 서서히 평화가 찾아오고 있었다.

9장.

# 파티가 끝나고

_핫 초콜릿 효과

셰어하우스 주방: 다음 날 오전 11시 30분

잠시 눈을 붙였다가 떴다. 내가 새해에 처음
본 것은 검고 촉감이 부드러우며 고양이 화장실 냄새가 나는 것
이었다. 내 고양이는 일부러 아침마다 우리 중 한 사람을 지목하
여 얼굴에 궁둥이를 갖다대고, 맥주 캔을 딴 사람마다 조사하고
다니며 칼처럼 발톱을 세우고 자신의 가슴팍을 여러 번 긁어댄
다. 나름 우아하게 배고프다며 밥 달라는 신호를 보내는 것이다.
오늘의 당첨자는 나였다. 나는 약간 두통이 있었지만 귀여운 악
동에게 져주었다. 그리고 천근만근인 몸을 겨우 가누고 일어나
사료를 가지러 주방으로 갔다.

숙취에서 깨어나 햇살이 비친 방을 둘러보니, 내가 어젯밤 안개가 피어오르는 희미한 빛과 알코올 농도 18%의 몽롱함 속에서 느꼈던 것보다 더 선명하게 파티의 흔적이 드러났다. 우리 셰어하우스 입구에서 누군가 아니면 무언가가 카레 소시지 혹은 케첩 포장지를 밟은 모양인지 발자국이 찍힌 붉은 케첩과 미끄러진 흔적이 보였다. 그것은 1990년대 조악한 스플래터 영화에서처럼 복도를 따라 흐릿한 곡선을 그리다가 굳게 닫힌 톰의 방문 앞에서 갑자기 뚝 끊겨 있었다. 그것 말고도 쏟아진 맥주, 리큐어, 증류주, 담뱃재가 뒤범벅이 된 거무튀튀하고 끈적끈적한 것이 현관 바닥을 뒤덮고 있었다. 반쯤 마시다 만 술병과 맥주 캔이 여기저기 나뒹굴고 그중 일부는 재떨이로 사용되고 있었다. 식은 담배 연기, 맥주, 구토한 냄새가 났다. 현관문 옆의 빈 과자 봉지, 남은 피자, 작은 파티용 색종이 조각들, 큼지막한 레드 와인 얼룩이 파티 후 모습을 완성시켜 주고 있었다. 수컷들만의 셰어하우스에는 언제나 어느 정도의 무질서함이 존재한다. 그러나 오늘 아침은 그 상태가 심해도 너무 심했다.

내가 주방문을 열었을 때 예술적으로 쌓아놓은 맥주 캔 피라미드에 부딪히는 바람에 톰이 깼다. 톰은 소파 위에 널브러진 피자 박스 밑에 파묻혀 코를 골며 자고 있었다. 톰은 한 번도 숙취 때문에 고생한 적이 없었다. 그래서 파티 다음 날 아침에는 모두가 그를 얄미워했다.

톰이 방문을 열고 유리와 잉에가 반쯤 감긴 눈으로 발을 질질 끌며 주방으로 들어왔을 때, 우리는 가스레인지 위에 있던 빈 맥주 캔과 피자 박스 몇 개를 주섬주섬 거둬 쓰레기 봉지에 담았다. 모두들 카페인 섭취를 간절히 원했기 때문에 비알레티 사의 모카포트를 작동시키기 위해서였다. 잉에는 너무 목이 쉬어 "좋은 아침, 커피 있어?"라는 말도 제대로 하지 못했고 바로 유리와 함께 소파로 쓰러졌다.

톰은 이 기회를 틈타 자기 방으로 사라졌고 잠시 후 기분 좋게 찻주전자와 겨드랑이에 캔 몇 개를 끼고 주방으로 돌아왔다. 그러고는 바 옆의 가스레인지 위에 덜커덩 소리를 내며 찻주전자를 올려놓았다. 이어 그는 크게 두 걸음 움직여 창가로 가더니 느끼하게 밝은 목소리로 "여러분, 새해 복 많이 받으세요!"라고 외치며 무거운 커튼을 날렵하게 걷어젖혔다. 19세기 아편굴을 연상시켰던 주방에 밝은 햇살이 쏟아졌다. 사전 경고도 없이 갑자기 밝은 빛이 쏟아지자 방 안에 있던 다른 사람들은 짜증난다는 듯 얼굴을 찌푸렸다. 이미 잠이 깬 덕분에 내 눈은 눈부신 햇살에 적응이 됐고 쿡쿡 쑤시던 두통도 사라졌다. 하지만 심하게 짜증을 내고 있는 잉에를 소파에 붙들어놓고 달래는 유리의 모습이 아직 눈에 보였다. 톰은 눈치도 없이 노래를 흥얼거리며 각종 녹차 재배지의 녹차를 꺼내어 찻주전자에 담을 양을 재고 있었다.

잉에가 숙취로 고생하는 일은 거의 없었기 때문에, 이런 특별한 날에는 쾰른 여자 잉에의 신경을 건드리지 않는 게 상책이었다. 하지만 톰은 이런 관계에 있어서는 이해심이 좀 부족했다. 톰은 술판을 벌이고 난 다음 날 머리가 깨질 것 같은 숙취를 경험한 적이 없으니 그 심정을 전혀 이해할 수 없었을 것이다. 이런 신체적 한계를 이해할 리 없는 톰에게 잉에가 말 한마디 끝날 때마다 얼굴이 벌겋게 되도록 화를 내며 욕설을 퍼부어대자 톰은 완전히 당황했다. 잉에는 섬세함과는 조금 거리가 먼 억센 라인란트 여자였다.

잉에의 욕설이 끝나기 무섭게 욕실 쪽에서 첨벙 소리가 나더니 무언가 묵직하게 떨어지는 소리가 들려왔다. 그런데 마테스가 보이지 않았다. 우리는 마테스를 그의 집으로 가는 길이 아니라 우리 욕조에서 찾았다. 그는 왼쪽 늑골을 부여잡으며 다리를 절뚝거렸고 볼에는 욕조 하수구 마개 자국이 찍혀 있었다. 마찬가지로 그 역시 반쯤 감긴 눈으로 주방에 들어와 "커피……"라고 웅얼대더니 유리 옆에 얼굴을 박고 쓰러졌다.

이런! 우리 모두 불쌍한 거지꼴이었다! 내가 반 잠결에 에스프레소 포트를 분해하여 전날의 커피 찌꺼기를 버리는 동안 유리는 우유 거품을 내고 톰은 고양이에게 밥을 주었다. 잉에는 낡은 원

두 핸드밀을 공격적으로 돌리며 원두를 갈고 있었다. 몇 분 후 눈에 다크서클이 자글자글한 불쌍한 성인 남녀 네 명이 카푸치노를 한 잔씩 들고 소파에 앉았다(술 마신 다음 날이면 으레 해야 하는 우리의 습관이었다). 그리고 우리는 배불리 사료를 먹고 톰의 무릎에 편안히 앉아 쉬는 고양이를 못마땅하다는 표정으로 관찰했다.

# 실험
## : 코코아 음계

잉에는 생각에 잠긴 듯 바닥에 있는 숟가락으로 큼지막한 커피 잔을 탁탁 두들기면서, 그르렁거리고 있는 고양이의 털 뭉치를 우울한 표정으로 쳐다봤다. 그녀가 숟가락으로 커피를 휘저으면서 커피 잔을 탁탁 두들길 때마다 음이 높아지는 듯했다. 그리고 새로운 음계가 시작됐다. 이 현상은 그녀의 코코아 가루가 뜨거운 우유와 섞일 때 혹은 그녀가 카푸치노의 거품을 쿠키로 떠먹은 다음 커피를 휘휘 젓고 있을 때 이미 관찰됐다. 우유를 젓고 난 후 숟가락이 커피 잔 벽이나 바닥을 때릴 때는 깊은 저음이 울린다. 숟가락으로 계속 우유를 젓지 않는 한

이 음은 점점 높아진다.

이것은 착시가 아니라 착청*과 관련이 있다. 소리의 주파수는 시간이 흐름에 따라 변한다. 나는 이 기이한 현상을 그날 아침 처음 경험했다. 아마 잉에가 숟가락을 젓는 소리 때문에 머리가 울려 더 거슬렸는지도 모른다. 사실 이 현상은 1982년 미국의 물리학자 프랭크 크로퍼드Frank Crawford가 실험 연구를 하여 단순한 수학 모델로 나타냈다. 크로퍼드는 이 실험 결과를 바탕으로 「핫 초콜릿 효과The Hot Chocolate Effect」**라는 멋진 제목의 논문을 자유분방한 문체로 작성하여 《미국 물리학 저널American Journal of Physics》에 발표했다. 정확하게 따지자면 이 현상을 처음 발견한 사람은 크로퍼드의 여자 친구 낸시 스타이너Nancy Steiner다. 그녀는 크리스마스 시즌 핫 초콜릿을 타던 중 우연히 이 현상을 발견하고 물리학자인 남자 친구 크로퍼드에게 말했다. 그는 이 현상을 놓치지 않고 음악과의 연관성을 밝혀냈다.

크로퍼드가 이 실험에서 발견한 것이 무엇인지 천천히 살펴보며 이해하도록 노력해보자. 그러려면 먼저 소리와 소리의 속도에 대한 기본 지식이 필요하다.

---

●    auditory illusion, 청각과 관련된 착각 – 옮긴이
●●    프랭크 S. 크로퍼드, 《미국 물리학 저널》, 50호 pp. 398~404. 1982.

공기 중 소리의 속도는 20°C에서 343m/s다. 여러분은 어렸을 때 이와 비슷한 내용을 배운 기억이 있을 것이다. 천둥 번개가 칠 때, 번개가 치고 몇 초 후에 천둥소리가 나는지를 보고 거리를 계산했다. 번개의 빛이 번쩍이자마자 천둥이 친다고 가정했을 때, 천둥소리의 속도가 343m/s라면 3초 후 이동 거리는 1,029m다. 비례식을 이용하면 번개와 천둥이 3초마다 약 1km 멀어진다는 상당히 정확한 결과를 얻을 수 있다.

하지만 소리의 속도가 항상 일정한 것은 아니다. 소리의 속도는 소리가 퍼지는 매질의 영향을 많이 받는다. 물속에서 온도가 20°C일 때 소리의 속도는 1,484m/s이고, 알루미늄 판에서 소리의 속도는 심지어 6,300m/s다. 소리의 속도가 매질에 따라 달라지는 이유는 무엇일까?

우리가 알고 있는 소리는 종파*의 형태로 퍼진다. 우리가 1장에서 배웠던 맥주병의 충격파와 마찬가지로 종파에도 압축된 영역과 덜 압축된 영역이 있다. 공기, 물, 커피, 유리, 금속처럼 특정 매질에서 종파가 퍼지는 속도는 물질의 두 가지 특성에 좌우된다.

---

● longitudinal wave, 파동의 방향과 매질의 진동 방향이 같을 때의 파동. 이와 반대로 파동과 매질의 진행 방향이 수직을 이룰 때는 횡파라고 한다─옮긴이

바로 물질의 밀도와 압축성이다.

물질의 밀도란 얼마나 많은 부피가 물질의 질량을 수용할 수 있는지를 말한다. 쉽게 말해 특정 부피의 물질의 무게가 얼마만큼 나가는지를 말한다. 이삿짐을 날라본 경험이 있다면 박스 크기와 부피가 같다고 해도 책이 들어 있는 박스가 옷이나 비디오 게임 CD가 들어 있는 박스보다 훨씬 무겁다는 것을 알 것이다. 책이 들어 있는 박스의 밀도가 옷이나 비디오 게임 CD가 들어 있는 박스의 밀도보다 훨씬 높기 때문이다.

한편 물질의 압축률*은 사방에서 같은 압력을 가했을 때 이 물질이 얼마나 잘 눌리는지를 나타내는 성질을 말한다. 가스는 압축성이 아주 뛰어난 반면, 고체와 액체는 기체만큼 압축성이 뛰어나지 않다.

앞 장에서 배운 이상기체 모델 혹은 소금 결정과 같은 고체 모델을 이용하면 그 이유를 쉽게 이해할 수 있다. 기체가 있는 공간에서는 작은 입자들이 상대적으로 큰 간격을 두고 돌아다닌다. 기체를 압축할 때는 입자들이 움직일 수 있는 공간, 즉 부피를 줄인다. 공간을 줄이려면 일정한 힘이 필요하다. 입자들이 움직일 수 있는 공간의 부피가 줄어들지만 돌아다니는 입자의 수에는 변

---

●　compressibility, 압축에 의해 물질의 부피가 변하는 정도 – 옮긴이

함이 없기 때문에 벽에 부딪히는 입자들이 더 많아지고 압력이 높아진다.

반면 고체 혹은 액체는 이미 강하게 압축된 상태이므로 입자들이 자유롭게 이동하여 원자들이 서로 밀어낼 수 있는 공간이 거의 없다. 따라서 고체와 같은 구조의 물질을 압축시키려면 엄청나게 많은 힘이 필요하다.

지금까지 배운 내용을 정리해보자. 물질에서 소리가 확산되는 속도는 항상 물질의 압축성과 밀도에 좌우된다. 기체와 액체에서 압축성, 밀도, 소리의 속도의 상관관계는 다음과 같이 간단한 공식으로 나타낼 수 있다. 여기서 소리의 속도는 CSchall, $\kappa$는 압축률, $p$는 파동이 퍼지는 매질의 밀도를 의미한다.

$$CSchall = \sqrt{\frac{1}{\kappa \cdot p}}$$

잉에의 커피 잔에서 음이 점점 높아지는 현상을 설명하려면 크로퍼드가 논문에서 사용했던 물리량이 필요하다. 반드시 필요한 것은 아니지만 이 현상을 이해하려면 알아야 한다. 위의 공식을 다음과 같이 간단히 변형해보았다. 여기서 음파의 느리기는 소리의 속도를 제곱한 값의 역수와 같다.

$$SSchall = \frac{1}{CSchall^2} = \kappa \cdot p$$

여기서 머리를 좀 더 쓰면 매질에서 음파의 느리기를 압축률과 밀도를 곱한 값으로 나타낼 수 있다. 처음에는 이 공식이 쓸데없이 복잡해 보이기만 하지만, 계속 생각하다 보면 이 식이 점점 쉽게 느껴질 것이다. 이 공식을 통해 우리는 매질의 밀도 혹은 압축률이 높아질수록 매질에서 음파가 점점 천천히 퍼진다는 사실을 유추할 수 있다. 사실 이것은 대단한 고찰은 아니다. 밀도가 높아진다는 것은 파동이 전파되면서 충돌하는 입자의 질량이 더 커지기 때문에 움직임의 속도가 더 느려진다는 의미다.

압축률의 원리도 이와 유사하다. 압축률이 높으면 입자가 쉽게 밀려 모이고 천천히 혹은 아주 작은 힘만 주어도 원래의 위치로 되돌아갈 수 있다. 그래서 압축파도 아주 천천히 확산된다.

머릿속에 한꺼번에 너무 많은 것을 집어넣으려니 머리가 지끈거리는가? 이제부터 점점 쉬운 내용이 나오니 걱정할 것 없다.

잉에가 커피 잔 바닥을 숟가락으로 때릴 때마다 커피 잔에서, 더 정확히 말해 커피 속에서 소리의 파동이 점점 퍼져갔다. 음이 점점 높아진다는 것은 어떠한 이유든 간에 소리의 주파수가 바뀌어야 한다는 뜻이다. 일단 머릿속에 이러한 기본 상식을 넣고 있으면 소리의 속도와 이 모든 상관관계를 쉽게 이해할 수 있다. 음파의 주파수 f는 다음 공식을 통해 확산 속도 CSchall과 파장의 길이 λ로 나타낼 수 있다.

$$f = \frac{CSchall}{\lambda}$$

　주파수, 이른바 소리의 높이는 소리의 속도와 파장의 길이에 좌우된다. 크로퍼드는 다음과 같이 가정하고 커피 잔에서 확산되는 음파의 길이를 구했다. 그는 자신의 모델에서 커피 잔의 바닥은 파동이 움직이지 않는 지점이고, 커피 잔의 윗부분은 커피가 공기 중으로 이동하는 과정에서 파동이 자유롭게 움직이는 지점이라고 가정했다. 또한 그는 커피 잔의 음파는 정상파라고 가정했다. 여러분은 1장에서 했던 맥주병끼리 부딪히는 맥주병 태핑 실험에서 정상파에 대해 배웠다. 그때 배운 내용을 다시 떠올려 보자.

　정상파는 파장이 퍼지는 공명 공간에서 파장의 일부 혹은 몇 배에 해당하는 파장이 통과할 때 발생한다. 그는 아랫부분은 파동이 움직이지 않고 윗부분은 파동이 자유롭게 움직인다고 가정하고, 커피 잔이라는 공간을 통과하는 파장 중 가장 긴 것이 가장 낮은 음을 내는데, 이것이 정확하게 커피 잔 높이의 4배라는 결론을 내렸다.

커피 잔을 숟가락으로 때렸을 때 음의 높이는 소리의 속도에 대한 고정된 파장의 길이, 압축률, 커피의 밀도에 좌우된다. 음의 높이는 커피를 저을 때마다 달라지기 때문에 커피의 압축률 혹은 밀도의 영향을 받는다. 그런데 아직 해결되지 않은 문제가 있다.

잉에가 커피를 저었을 때 우유만 퍼지면서 섞인 것이 아니라 우유 거품의 기포가 액체와 섞였다. 이 경우에는 커피의 밀도뿐

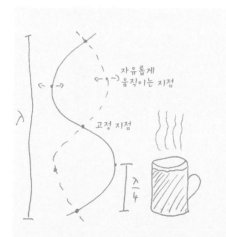

자유롭게 움직이는 지점

고정 지점

원래 커피의 음파는 (이 그래프 처럼) 횡파가 아니라 종파다. 하지만 종파는 그래프로 나타내기 쉽지 않다. 이 그림은 객관적인 사실을 설명하기 위한 것일 뿐 방법론적으로는 잘못됐다!

이 그림은 커피 잔을 통과할 때 정상파가 가장 크다는 사실을 보여주고 있다.

만 아니라 압축률도 변한다. 커피 혹은 물의 밀도는 공기의 밀도 혹은 커피를 저으면서 섞인 공기 밀도의 약 800배로, 무시해도 될 정도로 낮다. 아무리 작다고 해도 나는 양심에 찔려 무시할 수 없다. 하지만 압축률은 상황이 전혀 다르다. 공기의 압축률은 물의 압축률의 1만 5,000배다. 그런데 이렇게 적은 양이 커피의 압축률에 아주 큰 영향을 끼친다.

간단하게 정리하면 다음과 같다. 커피를 저으면서 우유 거품의 작은 기포가 커피 속에서 균일하게 나뉨으로써 전에는 압축되지 않던 액체에 압축률이 약간 생긴다. 그래서 커피 잔에 분포된 기포가 압축될 수 있다. 여기에서 크로퍼드가 도입한 음파의 느림이라는 양을 적용하면 음파가 천천히 확산될 때 압축률이 높아진다는 사실을 알 수 있다.

$$SSchall = \frac{1}{CSchall^2} = \kappa \cdot p$$

소리의 속도는 액체에 기포가 섞이면 현저히 느려진다. 파장의 길이가 커피 잔 높이의 4배로 고정되어 있기 때문에 소리의 속도가 감소하면서 음파의 주파수도 낮아진다. 그래서 낮은 음이 나는 것이다.

커피는 공기에 비해 밀도가 높고 공기는 커피에 비해 압축률이 높다. 이 조합 혹은 두 조합을 혼합하면 공기나 물속보다 더 낮은 음을 생성할 수 있다. 두 가지 특성은 모두 소리의 속도를 낮추는 데 도움이 되기 때문이다.

지금까지 우리는 커피를 숟가락으로 젓기 전보다 저은 후에 더 낮은 음이 생성되는 이유를 알아보았다. 그런데 시간이 지날수록 음이 더 높아지고 심지어 여러 옥타브의 음이 생성되기도 하는 이유는 어디에서 찾을 수 있을까?

잉에가 커피 잔 젓기를 멈추고 숟가락으로 커피 잔 바닥을 탁탁 쳤을 때 거품이 위로 올라왔다. 이것은 커피 잔 속에 고루 분포되어 있던 기포들이 표면으로 서서히 몰려오면서 생긴 현상이다. 그리고 이 거품이 커피 잔에서 사라질 때까지 압축률이 높아지면서 소리의 속도가 감소하는 영역은 점점 작아졌다. 그 결과 소리는 점점 높아졌다.

크로퍼드는 뜨거운 핫 초콜릿을 만들면서 이 현상을 발견했다. 그런데 핫 초콜릿에는 우유 거품이 없다. 정확하게 어느 지점에서 공기와 액체가 섞였을까? 이 경우 기포는 코코아 가루가 물과 섞일 때 발생한다. 코코아 가루는 소량일지라도 입자 사이에 기포가 엄청나게 많이 들어 있다. 그래서 코코아 가루를 젓자마자 이 기포가 액체로 바로 퍼진다. 여러분도 코코아나 카푸치노 분

말을 물에 타서 몇 옥타브까지 소리를 낼 수 있는지 직접 실험해 보기 바란다. 크로퍼드의 기록은 3.5옥타브였다!

내가 쾰른가를 떠난 지 벌써 몇 년이 지났다. 유리, 잉에, 톰, 마테스도 독일 전역으로 흩어졌다. 지금도 가끔 나는 광적인 과격주의자 친구들과 함께했던 셰어하우스 시절을 떠올린다.

마테스에 대한 톰의 예언은 적중했다. 송년파티 후 대청소를 하던 날, 우리의 셰어하우스 방문 앞에는 사랑을 듬뿍 담은(혹은 증오를 듬뿍 담은) 알록달록하게 장식한 데커레이션 토르테가 놓여 있었다. 마테스가 사과의 뜻으로 특별히 밤에 빵 굽기 마술을 부린 것이었다.

파티의 흔적을 완전히 지우고 셰어하우스를 원상태로 되돌리기까지 일주일이 걸렸다. 물론 아직 완벽하게 정리되지 않았다. 날아간 지붕 벽돌의 빈자리는 여전히 메워지지 않았고, 큼지막한 레드 와인 얼룩과 이웃집 앞에 썩은 생선이 남긴 흔적은 지금도 선명히 남아 있어서 아직도 광란의 그 밤이 생각난다.

송년파티는 셰어하우스 생활의 하이라이트였다. 타투의 흔적 외에도 지하실에 쟁여놓았던 2,500개의 빈 병, 셰어하우스 생활을 하는 7년 동안 우리의 주식이었던 감자 샐러드. 이 모든 것은 네 명의 정신 나간 녀석들과의 추억 중 일부일 뿐이다.

나는 여러분이 이 책을 통해 물리학을 전혀 떠올릴 수 없는 곳에서 물리학을 만나고, 물리학이 더 이상 지겹고 복잡한 학문이 아니라, 때로는 재미있고, 쉽고, 흥미진진한 학문이라는 걸 알게 되었기를 바란다. 혹시 여러분 중 지금쯤 일상에서 접하는 현상들을 좀 더 자세히 관찰하고 이 현상들이 어떤 원리로 돌아가고 왜 그런지 흥미를 갖게 된 사람이 있을지 모르겠다.

작고 통통한 꼬마는 내키지는 않지만 매주 일요일 공동묘지를 산책하다가 물리학의 매력에 빠졌다. 여러분도 때때로 자연이 얼마나 매혹적인지 발견하는 시간을 갖기 바란다.

## 감사의 글

책을 쓰는 것은 생각보다 훨씬 어려운 일이었다. 많은 친구들의 도움이 없었더라면 절대로 이 책을 끝낼 수 없었을 것이다. 이 자리를 빌려 이 '모험'을 끝낼 수 있도록 도와주신 모든 분들께 감사의 말을 전한다.

나에게 무한한 인내심을 보여주고, 사랑을 가득 담은 간식과 커피와 에너지 드링크가 떨어지지 않도록 챙겨준 손트카에게 고맙다는 말을 전하고 싶다. '당신이 없었으면 이 책은 출간될 수 없었을 거야.'

특히 울슈타인 출판사와 이 프로젝트를 추진해온 강사 모임에 감사 인사를 전한다. 강인한 추진력을 보여준 마리에케, 내 이야기를 독자들이 읽기 좋도록 교정해준 니나, 여전히 나에겐 강사인 카트린, 편안한 가운데 공동 작업과 재미있는 전화 통화를 해주고 아낌없이 지원해준 데 정말 감사하다.

에센의 프론하우젠 셰어하우스는 실제로 비슷한 구조였다. 셰어하우스 친구들인 토마스, 디노, 마티, 펠릭스, 키라, 비보, 디아나, 크리스티안, 테오, 만프레드. 쾰른가 13b에서 나와 함께 좋은 시간을 보내주어 고맙다.

3년 전부터 나와 함께 팟캐스트 〈방법론적으로 잘못된methodisch inkorrekti!〉을 공동 진행하고 있는 니콜라스에게도 감사 인사를 전한다. 니콜라스 덕분에 주옥같은 주제들을 찾을 수 있었고 평생 할 수 있으리라 생각도 못했던 팟캐스트 무대에 설 수 있었다.

그리고 박사 논문 지도교수이자 팟캐스트 무대에 설 수 있도록 도와주신 폴커 북 박사님께도 감사드린다.

이 책이 아마존 베스트셀러가 되기 전부터 나를 믿고 팟캐스트를 애청해주신 독자 여러분께도 감사하다는 말을 전하고 싶다.

출판과 방송에 대해 조언해주고 우정을 나누며 결혼식에도 초대해준 바스티, 나드야, 오토에게 감사 인사를 전한다.

이 책과 관련해 열띤 토론을 하고, 실험을 위해 많은 시간을 할애하고, 두이스부르크대학교 카페테리아에서 최소 100잔의 커피를 마셔준 미카, 정말 고맙다.

셰어하우스 스토리를 아이디어로 준 내 동생 토마스와 약혼녀 아냐, 루르 지역에서 내가 며칠 밤을 새도 싫어하는 기색 없이 잘 참아줘서 고맙다.

집필을 못 마쳤는데도 나를 믿고 3개월이나 더 기다려준 디터와 슈테판에게도 감사하다는 말을 전하고 싶다.

젊은 과학자들이 자신의 연구 성과를 대중 앞에서 발표할 수 있는 기회와 과학이 재미있고 쉽다는 것을 알려줄 기회를 준 사이언스슬램에도 감사하다. 특히 스베다, 토비아스 글루프케, 안드레 람페, 요하네스 크레츠슈마르, 잉가 마리 람케, 요하네스 폰 보르스텔보르스티, 율리아 오페, 알렉스 드레펙은 멋진 프로그램을 만들어줘서 고맙다.

이 책의 마지막 페이지를 눈발이 흩날리는 독일이 아니라 멕시코의 휴양지 누에보 바야르타 해변에서 햇살을 받으며 편안히 마무리할 수 있도록 배려해준 미리암, 그레고르, 에스더, 야니나, 괴테 인스티투트에 감사하다.

파올로와 크리스틴, 끝까지 잘할 수 있다고 격려해주고 베부타IT bevutaIT에서 일할 수 있도록 문을 활짝 열어주어 고맙다.

내 평생의 대부분을 나와 함께 살며 잘 참아주고 밤마다 베개 역할을 해준 내 고양이 루크에게도 감사 인사를 전한다.

감정이 섞이지 않은 객관적인 코멘트와 교정 작업을 해주느라 내 여행에 동반한 하르트무트에게도 감사의 말을 전한다.

마지막으로 지금의 내가 존재할 수 있도록 도와준 우리 가족 모두에게 진심으로 감사하다. 특히 이 프로젝트가 끝날 때까지

나를 격려해주신 엄마, 나를 믿어준 마틴, 베아테, 우어줄라, 토마스, 정말 고맙다. 아버지는 이 책이 출간되는 모습을 보지 못하고 떠나셔서 안타깝지만, 이 책의 일부를 아버지의 구식 타자기로 썼다는 사실을 아신다면 분명 자랑스러워하실 것이다.

# 물리학자의 은밀한 밤 생활

**1판 1쇄 인쇄** 2018년 8월 13일
**1판 1쇄 발행** 2018년 8월 20일

**지은이** 라인하르트 렘포트
**옮긴이** 강영옥
**감수자** 정성헌

**발행인** 김기중
**주간** 신선영
**편집** 강정민, 박이랑, 양희우, 정진숙
**마케팅** 이민영
**경영지원** 홍운선
**제작처** 한영문화사
**펴낸곳** 도서출판 더숲
**주소** 서울시 마포구 양화로16길 18, 3층 (04039)
**전화** 02-3141-8301~2
**팩스** 02-3141-8303
**이메일** info@theforestbook.co.kr
**페이스북·인스타그램** @theforestbook
**출판신고** 2009년 3월 30일 제2009-000062호

ISBN 979-11-86900-62-8  (03420)

이 도서의 국립중앙도서관 출판예정도서목록(CIP)은 서지정보유통지원시스템 홈페이지(http://seoji.nl.go.kr)와
국가자료공동목록시스템(http://www.nl.go.kr/kolisnet)에서 이용하실 수 있습니다. (CIP제어번호: CIP 2018024671)